쉽고 빠르게
소방설비기사
합격!

쉽고 빠르게 합격하는
소방설비(산업)기사

| 소방전기분야 필기 | **소방전기일반+소방전기구조**

이종오 편저

PREFACE

"쉽고 빠르게 합격하는 소방설비(산업)기사" 시리즈의 저자 이종오 입니다.

2010년 이후 건물이 고층화되고 안전관리분야가 강화되면서, 매년 소방설비기사 전기분야 응시생들이 증가하고 있는 추세입니다.
안전관리 분야의 강화에 맞춰 새로운 취업의 기회를 제공할 것이며, 관련 인력 또한 많이 필요해질 겁니다.

"쉽고 빠르게 합격하는 소방설비(산업)기사" 시리즈는 시험 합격을 최우선으로 두고, 관련 이론의 이해와 기출 중심의 문제풀이를 중심으로 단권화했습니다. 단권화를 통해 꼭 강의를 듣지 않더라도 자연스럽게 이해할 수 있게 체계적으로 구성, 빠른 학습이 가능하도록 했습니다.
부족한 부분은 관련 동영상 강의를 참조하시면 좀 더 확실한 이해가 가능하실 겁니다.

시리즈 세 번째 교재로 전기분야의 전공분야인 소방 전기일반과 소방 전기구조를 한권으로 통합해 필기시험에 만전을 기하도록 구성했으며 시험 일정에 맞추어 전기 실기 교재가 출간될 예정입니다.
교재를 보시는 소방설비기사 및 산업기사 응시생 여러분의 합격을 빌겠습니다. 감사합니다.

시 험 정 보

① 시 행 처 : 한국산업인력공단
② 시험과목
　- 기계필기 : 1. 소방원론　2. 소방유체역학　3. 소방관계법규　4. 소방기계시설의 구조 및 원리
　- 전기필기 : 1. 소방원론　2. 소방전기일반　3. 소방관계법규　4. 소방전기시설의 구조 및 원리
　- 기계실기 : 소방기계시설 설계 및 시공실무
　- 전기실기 : 소방전기시설 설계 및 시공실무
③ 검정방법
　- 필기 : 객관식 4지 택일형 과목당 20문항(과목당 30분)
　- 실기 : 필답형(3시간, 100점)
④ 합격기준
　- 필기 : 100점을 만점으로 하여 과목당 40점 이상, 전과목 평균 60점 이상
　- 실기 : 100점을 만점으로 하여 60점 이상

CONTENTS

쉽고 빠르게 합격하는 소방설비(산업)기사 필기 전기분야 [전기일반+전기구조]

Ⅰ 소방전기일반

PART 01 전기이론
CHAPTER 01 직류회로 ········· 18
CHAPTER 02 정전계와 콘덴서 ········· 30
CHAPTER 03 정자계와 인덕턴스 ········· 36
CHAPTER 04 교류회로 ········· 45

PART 02 전기기기 및 계측기
CHAPTER 01 직류기와 동기기 ········· 60
CHAPTER 02 유도기 ········· 65
CHAPTER 03 변압기 ········· 70
CHAPTER 04 정류기 및 전자회로 ········· 75
CHAPTER 05 계측기 ········· 83

PART 03 자동제어 및 시퀀스
CHAPTER 01 자동제어의 기초 ········· 92
CHAPTER 02 라플라스변환과 전달함수 ········· 96
CHAPTER 03 블록선도 ········· 99
CHAPTER 04 불대수와 논리게이트 ········· 102
CHAPTER 05 무접점회로와 유접점회로 ········· 107
CHAPTER 06 시퀀스 기초 ········· 114

Ⅱ 소방전기시설의 구조 및 원리

PART 01 경보설비
CHAPTER 01 자동화재탐지설비 및 시각경보장치 ········· 120
CHAPTER 02 비상경보설비 및 단독경보형감지기 ········· 156
CHAPTER 03 자동화재속보설비 ········· 161
CHAPTER 04 비상방송설비 ········· 166
CHAPTER 05 가스누설경보기 ········· 171
CHAPTER 06 누전경보기 ········· 174

PART 02 피난구조설비
CHAPTER 01 유도등 및 유도표지 ········· 182
CHAPTER 02 비상조명등 ········· 193

PART 03 소화활동설비
CHAPTER 01 비상콘센트설비 ········· 200
CHAPTER 02 무선통신보조설비 ········· 206
CHAPTER 03 소방시설용 비상전원수전설비 ········· 211

소방설비기사(전기분야) 출제기준(2023.1.1 ~ 2025.12.31)
출제기준-(필기)

직무분야	안전관리	중직무분야	안전관리	자격종목	소방설비기사(전기분야)	적용기간	2023.1.1. ~ 2025.12.31.
○ 직무내용 : 소방시설(전기)의 설계, 공사, 감리 및 점검업체 등에서 설계 도서류를 작성하거나, 소방설비 도서류를 바탕으로 공사관련 업무를 수행하고, 완공된 소방설비의 점검 및 유지관리업무와 소방계획수립을 통해 소화, 화재통보 및 피난 등의 훈련을 실시하는 소방안전관리자로서의 주요사항을 수행하는 직무이다.							
필기검정방법		객관식		문제수	80	시험시간	2시간

필기과목명	문제수	주요항목	세부항목	세세항목
소방원론	20	1. 연소이론	1. 연소 및 연소현상	1. 연소의 원리와 성상 2. 연소생성물과 특성 3. 열 및 연기의 유동의 특성 4. 열에너지원과 특성 5. 연소물질의 성상 6. LPG, LNG의 성상과 특성
		2. 화재현상	1. 화재 및 화재현상	1. 화재의 정의, 화재의 원인과 영향 2. 화재의 종류, 유형 및 특성 3. 화재 진행의 제요소와 과정
			2. 건축물의 화재현상	1. 건축물의 종류 및 화재현상 2. 건축물의 내화성상 3. 건축구조와 건축내장재의 연소 특성 4. 방화구획 5. 피난공간 및 동선계획 6. 연기확산과 대책
		3. 위험물	1. 위험물 안전관리	1. 위험물의 종류 및 성상 2. 위험물의 연소특성 3. 위험물의 방호계획
		4. 소방안전	1. 소방안전관리	1. 가연물·위험물의 안전관리 2. 화재시 소방 및 피난계획 3. 소방시설물의 관리유지 4. 소방안전관리계획 5. 소방시설물 관리
			2. 소화론	1. 소화원리 및 방식 2. 소화부산물의 특성과 영향 3. 소화설비의 작동원리 및 점검
			3. 소화약제	1. 소화약제이론 2. 소화약제 종류와 특성 및 적응성 3. 약제유지관리

필기과목명	문제수	주요항목	세부항목	세세항목
소방전기일반	20	1. 전기회로	1. 직류회로	1. 전압과 전류 2. 전력과 열량 3. 전기저항 4. 전류의 열작용과 화학작용
			2. 정전용량과 자기회로	1. 콘덴서와 정전용량 2. 전계와 자계 3. 자기회로 4. 전자력과 전자유도 5. 전자파
			3. 교류회로	1. 단상 교류회로 2. 3상 교류회로
		2. 전기기기	1. 전기기기	1. 직류기 2. 변압기 3. 유도기 4. 동기기 5. 소형교류전동기, 교류정류기 6. 전력용 반도체에 의한 전기기기제어
			2. 전기계측	1. 전기계측기기의 구조 및 원리 2. 전기요소의 측정
		3. 제어회로	1. 자동제어의 기초	1. 자동제어의 개요 2. 제어계의 요소 및 구성 3. 블록선도 4. 전달함수
			2. 시퀀스 제어회로	1. 불대수의 기본정리 및 응용 2. 무 접점논리회로 3. 유 접점회로
			3. 제어기기 및 응용	1. 제어기기의 구성요소 2. 제어의 종류 및 특성
		4. 전자회로	1. 전자회로	1. 전자현상 및 전자소자 2. 정전압 전원회로 및 정류회로 3. 증폭회로 및 발진회로 4. 전자회로의 응용

출제기준

필기과목명	문제수	주요항목	세부항목	세세항목
소방관계법규	20	1. 소방기본법	1. 소방기본법, 시행령, 시행규칙	1. 소방기본법 2. 소방기본법 시행령 3. 소방기본법 시행규칙
		2. 화재의 예방 및 안전관리에 관한 법	1. 화재의 예방 및 안전관리에 관한 법, 시행령, 시행규칙	1. 화재의 예방 및 안전관리에 관한 법률 2. 화재의 예방 및 안전관리에 관한 시행령 3. 화재의 예방 및 안전관리에 관한 시행규칙
		3. 소방시설 설치 및 관리에 관한 법	1. 소방시설 설치 및 관리에 관한법, 시행령, 시행규칙	1. 소방시설 설치 및 관리에 관한 법률 2. 소방시설 설치 및 관리에 관한 시행령 3. 소방시설 설치 및 관리에 관한 시행규칙
		4. 소방시설 공사업법	1. 소방시설공사업법, 시행령, 시행규칙	1. 소방시설공사업법 2. 소방시설공사업법 시행령 3. 소방시설공사업법 시행규칙
		5. 위험물안전관리법	1. 위험물안전관리법, 시행령, 시행규칙	1. 위험물안전관리법 2. 위험물안전관리법 시행령 3. 위험물안전관리법 시행규칙

필기과목명	문제수	주요항목	세부항목	세세항목
소방전기시설의 구조 및 원리	20	1. 소방전기시설 및 화재안전성능기준·화재안전기술기준	1. 비상경보설비 및 단독경보형감지기	1. 설치대상과 기준, 종류, 특징, 동작원리, 배선 2. 화재안전성능기준·화재안전기술기준 등 기타 관련사항
			2. 비상방송설비	1. 설치대상과 기준, 구성, 기능, 동작원리, 배선 2. 화재안전성능기준·화재안전기술기준 등 기타 관련사항
			3. 자동화재탐지설비 및 시각경보장치	1. 설치대상, 경계구역, 비화재보 원인과 대책, 화재안전성능기준·화재안전기술기준 2. 각 구성기기의 종류 및 특징, 화재안전성능기준·화재안전기술기준 등 기타 관련사항
			4. 자동화재속보설비	1. 설치대상과 기준, 구성과 종류 2. 화재안전성능기준·화재안전기술기준 등 기타 관련사항
			5. 누전경보기	1. 설치대상과 기준, 종류, 구성, 특징, 동작원리, 변류기 설치와 결선 2. 화재안전성능기준·화재안전기술기준 등 기타 관련사항
			6. 유도등 및 유도표지	1. 설치대상과 기준, 구성, 기능, 동작원리, 전원, 배선, 시험 2. 화재안전성능기준·화재안전기술기준 등 기타 관련사항
			7. 비상조명등	1. 설치대상과 기준, 구성, 전원, 배선, 시험 2. 화재안전성능기준·화재안전기술기준 등 기타 관련사항
			8. 비상콘센트	1. 설치대상과 기준, 구조, 기능, 비상콘센트설비의 전원 및 보호함, 배선 2. 화재안전성능기준·화재안전기술기준 등 기타 관련사항
			9. 무선통신보조설비	1. 설치대상과 기준, 구조, 기능, 사용방법, 누설동축케이블 2. 화재안전성능기준·화재안전기술기준 등 기타 관련사항
			10. 기타 소방전기시설	1. 화재안전성능기준·화재안전기술기준 등 기타 관련사항

출제기준-(실기)

직무 분야	안전관리	중직무 분야	안전관리	자격 종목	소방설비기사(전기분야)	적용 기간	2023.1.1. ~ 2025.12.31.

○ **직무내용** : 소방시설(전기)의 설계, 공사, 감리 및 점검업체 등에서 설계 도서류를 작성하거나, 소방설비 도서류를 바탕으로 공사 관련 업무를 수행하고, 완공된 소방설비의 점검 및 유지관리업무와 소방계획수립을 통해 소화, 화재통보 및 피난 등의 훈련을 실시하는 소방안전관리자로서의 주요사항을 수행하는 직무이다.

○ **수행준거** :
1. 소방전기 설비 시공을 위하여 작업분석을 할 수 있다.
2. 건물의 화재예방을 위하여 경보설비 등을 설치 할 수 있다.
3. 소방전기 설비를 설계 시공할 수 있다.
4. 소방전기시설의 조작, 유지 보수 및 시험점검 등을 할 수 있다.

실기검정방법	필답형	시험시간	3시간

실기과목명	주요항목	세부항목	세세항목
소방전기시설 설계 및 시공 실무	1. 소방전기시설 설계	1. 작업분석하기	1. 현장 여건 요구사항 분석을 할 수 있다. 2. 기본계획 수립, 기본설계서, 실시설계서를 작성할 수 있다. 3. 공사시방서, 공사내역서를 작성할 수 있다.
		2. 소방전기시설 구성하기	1. 자재의 상호 연관성에 대해 설명할 수 있다. 2. 소방전기시설의 기기 및 부품을 조작할 수 있다. 3. 소방전기시설의 기능 및 특성을 설명할 수 있다.
		3. 소방전기시설 설계하기	1. 물량 및 공량을 산출할 수 있다. 2. 전기기구의 용량을 산정할 수 있다. 3. 회로방식 설정 및 회로용량을 산정할 수 있다. 4. 도면작성 및 판독을 할 수 있다. 5. 시방서의 작성 등을 할 수 있다.
		4. 소방시설의 배치계획 및 설계서류 작성하기	1. 계통도를 작성할 수 있다. 2. 평면도를 작성할 수 있다. 3. 상세도를 작성할 수 있다. 4. 소방전기시설의 시공 계획수립 및 실무 작업을 수행할 수 있다.
	2. 소방전기시설 시공	1. 설계도서 검토하기	1. 설계도서상의 누락, 오류, 문제점을 검토하여 설계도서 검토서를 작성할 수 있다. 2. 설계도면, 시공 상세도, 계산서를 검토하여 시공상의 문제점을 파악하고 조치할 수 있다.

실기과목명	주요항목	세부항목	세세항목
		2. 소방전기시설 시공하기	1. 자동화재탐지설비를 할 수 있다. 2. 자동화재속보설비를 할 수 있다. 3. 누전경보기설비를 할 수 있다. 4. 비상경보설비 및 비상방송설비를 할 수 있다. 5. 제연설비의 부대 전기설비를 할 수 있다. 6. 비상콘센트설비를 할 수 있다. 7. 무선통신보조설비를 할 수 있다. 8. 가스누설경보기설비를 할 수 있다. 9. 유도등 및 비상조명등설비를 할 수 있다. 10. 상용 및 비상전원설비를 할 수 있다. 11. 종합방재센터설비를 할 수 있다. 12. 소화설비의 부대 전기설비를 할 수 있다. 13. 기타 소방전기시설 관련설비를 할 수 있다.
		3. 공사 서류 작성하기	1. 시공된 시설을 검사하여 설계도서와 일치여부를 판단할 수 있다. 2. 시공된 시설을 검사하여 관련 서류를 작성할 수 있다. 3. 공정관리 일정을 계획하여 공사일지를 작성 할 수 있다.
	3. 소방전기시설 유지관리	1. 소방전기시설 운용관리 하기	1. 전기기기 점검 및 조작을 할 수 있다. 2. 회로점검 및 조작을 할 수 있다. 3. 재해방지 및 안전관리를 할 수 있다. 4. 자재관리를 할 수 있다. 5. 기술 공무관리를 할 수 있다.
		2. 소방전기시설의 유지 보수 및 시험점검하기	1. 전기기기 보수 및 점검을 할 수 있다. 2. 시험 및 검사를 할 수 있다. 3. 계측 및 고장요인 파악을 할 수 있다. 4. 유지보수관리 및 계획수립을 할 수 있다. 5. 설치된 소방시설을 정상 가동하고, 자체 점검사항을 기록할 수 있다. 6. 기록 사항을 분석하여 보수정비를 할 수 있다.

소방설비산업기사(전기분야) 출제기준개정(2023.1.1 _ 2025.12.31)
출제기준-(필기)

직무분야	안전관리	중직무분야	안전관리	자격종목	소방설비산업기사(전기분야)	적용기간	2023.1.1. ~ 2025.12.31.

○ 직무내용 : 소방시설(전기)의 설계, 공사, 감리 및 점검업체 등에서 소방설비 도서류를 바탕으로 공사업무를 수행하고 완공된 소방설비의 점검 및 유지관리업무와 소방계획수립을 통해 소화, 화재통보 및 피난 등의 훈련을 실시하는 소방안전관리자로서의 소방안전관련 일반사항을 수행하는 직무이다.

필기검정방법	객관식	문제수	80	시험시간	2시간

필기과목명	문제수	주요항목	세부항목	세세항목
소방원론	20	1. 연소이론	1. 연소 및 연소현상	1. 연소의 원리와 성상 2. 연소생성물과 특성 3. 열 및 연기의 유동의 특성 4. 열에너지원과 특성 5. 연소물질의 성상
		2. 화재현상	1. 화재 및 화재현상	1. 화재의 정의, 화재의 원인과 영향 2. 화재의 종류, 유형 및 특성 3. 화재 진행의 제요소와 과정
			2. 건축물의 화재현상	1. 건축물의 종류 및 화재현상 2. 건축물의 내화성상 3. 건축구조와 건축내장재의 연소 특성 4. 방화구획 5. 피난공간 및 동선계획 6. 연기확산과 대책
		3. 위험물	1. 위험물 안전관리	1. 위험물의 종류 및 성상 2. 위험물의 연소특성 3. 위험물의 방호계획
		4. 소방안전	1. 소방안전관리	1. 가연물·위험물의 안전관리 2. 화재시 소방 및 피난계획 3. 소방시설물의 관리유지 4. 소방안전관리계획 5. 소방시설물 관리
			2. 소화론	1. 소화원리 및 방식 2. 소화부산물의 특성과 영향 3. 소화설비의 작동원리 및 점검
			3. 소화약제	1. 소화약제이론 2. 소화약제 종류와 특성 및 적응성 3. 약제유지관리

필기과목명	문제수	주요항목	세부항목	세세항목
소방전기일반	20	1. 전기회로	1. 직류회로	1. 전압과 전류 2. 전력과 열량 3. 전기저항 4. 전류의 열작용과 화학작용
			2. 정전용량과 자기회로	1. 콘덴서와 정전용량 2. 전계와 자계 3. 자기회로 4. 전자력과 전자유도 5. 전자파
			3. 교류회로	1. 단상 교류회로 2. 3상 교류회로
		2. 전기기기	1. 전기기기	1. 직류기 2. 변압기 3. 유도기 4. 동기기 5. 소형교류전동기, 교류정류기 6. 전력용 반도체에 의한 전기기기제어
			2. 전기계측	1. 전기계측기기의 구조 및 원리 2. 전기요소의 측정
		3. 제어회로	1. 자동제어의 기초	1. 자동제어의 개요 2. 제어계의 요소 및 구성 3. 블록선도 4. 전달함수
			2. 시퀀스 제어회로	1. 불대수의 기본정리 및 응용 2. 무 접점논리회로 3. 유 접점회로
			3. 제어기기 및 응용	1. 제어기기의 구성요소 2. 제어의 종류 및 특성
		4. 전자회로	1. 전자회로	1. 전자현상 및 전자소자 2. 정전압 전원회로 및 정류회로 3. 증폭회로 및 발진회로 4. 전자회로의 응용

출제기준

필기과목명	문제수	주요항목	세부항목	세세항목
소방관계법규	20	1. 소방기본법	1. 소방기본법, 시행령, 시행규칙	1. 소방기본법 2. 소방기본법 시행령 3. 소방기본법 시행규칙
		2. 화재의 예방 및 안전관리에 관한 법	1. 화재의 예방 및 안전관리에 관한 법, 시행령, 시행규칙	1. 화재의 예방 및 안전관리에 관한 법률 2. 화재의 예방 및 안전관리에 관한 시행령 3. 화재의 예방 및 안전관리에 관한 시행규칙
		3. 소방시설 설치 및 관리에 관한 법	1. 소방시설 설치 및 관리에 관한법, 시행령, 시행규칙	1. 소방시설 설치 및 관리에 관한 법률 2. 소방시설 설치 및 관리에 관한 시행령 3 소방시설 설치 및 관리에 관한 시행규칙
		4. 소방시설 공사업법	1. 소방시설공사업법, 시행령, 시행규칙	1. 소방시설공사업법 2. 소방시설공사업법 시행령 3. 소방시설공사업법 시행규칙
		5. 위험물안전관리법	1. 위험물안전관리법, 시행령, 시행규칙	1. 위험물안전관리법 2. 위험물안전관리법 시행령 3. 위험물안전관리법 시행규칙

필기과목명	문제수	주요항목	세부항목	세세항목
소방전기 시설의 구조 및 원리	20	1. 소방전기시설 및 화재안전성능기준·화재안전기술기준	1. 비상경보설비 및 단독경보형감지기	1. 설치대상과 기준, 종류, 특징, 동작원리, 배선 2. 화재안전성능기준·화재안전기술기준 등 기타 관련사항
			2. 비상방송설비	1. 설치대상과 기준, 구성, 기능, 동작원리, 배선 2. 화재안전성능기준·화재안전기술기준 등 기타 관련사항
			3. 자동화재탐지설비 및 시각경보장치	1. 설치대상, 경계구역, 비화재보 원인과 대책, 화재안전성능기준·화재안전기술기준 2. 각 구성기기의 종류 및 특징, 화재안전성능기준·화재안전기술기준 등 기타 관련사항
			4. 자동화재속보설비	1. 설치대상과 기준, 구성과 종류 2. 화재안전성능기준·화재안전기술기준 등 기타 관련사항
			5. 누전경보기	1. 설치대상과 기준, 종류, 구성, 특징, 동작원리, 변류기 설치와 결선 2. 화재안전성능기준·화재안전기술기준 등 기타 관련사항
			6. 유도등 및 유도표지	1. 설치대상과 기준, 구성, 기능, 동작원리, 전원, 배선, 시험 2. 화재안전성능기준·화재안전기술기준 등 기타 관련사항
			7. 비상조명등	1. 설치대상과 기준, 구성, 전원, 배선, 시험 2. 화재안전성능기준·화재안전기술기준 등 기타 관련사항
			8. 비상콘센트	1. 설치대상과 기준, 구조, 기능, 비상콘센트설비의 전원 및 보호함, 배선 2. 화재안전성능기준·화재안전기술기준 등 기타 관련사항
			9. 무선통신보조설비	1. 설치대상과 기준, 구조, 기능, 사용방법, 누설동축케이블 2. 화재안전성능기준·화재안전기술기준 등 기타 관련사항
			10. 기타 소방전기시설	1. 화재안전성능기준·화재안전기술기준 등 기타 관련사항

출제기준-(실기)

직무분야	안전관리	중직무분야	안전관리	자격종목	소방설비산업기사(전기분야)	적용기간	2023.1.1. ~ 2025.12.31.

○ **직무내용** : 소방설비(전기)의 설계, 공사, 감리 및 점검업체 등에서 소방설비 도서류를 바탕으로 공사 및 감리업무를 수행하고 완공된 소방설비의 점검 및 유지관리업무와 소방계획수립을 통해 소화, 화재통보 및 피난 등의 훈련을 실시하는 소방안전관리자로서의 소방안전관련 일반사항을 수행하는 직무이다.

○ **수행준거** : 1. 소방전기 설비 시공을 위하여 작업분석을 할 수 있다.
     2. 건물의 화재예방을 위하여 자동화재탐지장치, 화재경보기 등을 설치할 수 있다.
     3. 소방전기 설비를 설계, 시공할 수 있다.
     4. 소방전기시설의 조작, 유지 보수 및 시험점검 등을 할 수 있다.

실기검정방법	필답형	시험시간	3시간

실기과목명	주요항목	세부항목	세세항목
소방전기시설 설계 및 시공실무	1. 소방전기시설 설계	1. 작업분석하기	1. 현장 여건, 요구사항 분석을 할 수 있다. 2. 기본계획 수립, 기본설계서, 실시설계서를 작성할 수 있다. 3. 공사시방서, 공사내역서, 운영관리지침서를 작성할 수 있다.
		2. 소방전기시설 구성하기	1. 재료의 상호 연관성에 대해 설명할 수 있다. 2. 소방전기시설의 기기 및 부품을 조작할 수 있다. 3. 소방전기시설의 기능 및 특성을 설명할 수 있다.
		3. 소방전기 시설 설계하기	1. 물량 및 공량을 산출할 수 있다. 2. 기계기구의 용량을 산정할 수 있다. 3. 회로방식 설정 및 회로용량을 산정할 수 있다. 4. 도면작성 및 판독을 할 수 있다. 5. 시방서의 작성 등을 할 수 있다.
		4. 소방시설의 배치계획 및 설계서류 작성하기	1. 계통도를 작성할 수 있다. 2. 평면도를 작성할 수 있다. 3. 상세도를 작성할 수 있다. 4. 소방전기시설의 시공 계획수립 및 실무 작업을 수행할 수 있다.
	2. 소방전기시설 시공	1. 설계도서 검토하기	1. 설계도서상의 누락, 오류, 문제점을 검토하여 설계도서 검토서를 작성할 수 있다. 2. 설계도면, 시공 상세도, 계산서를 검토하여 시공상의 문제점을 파악하고 조치할 수 있다.

실기과목명	주요항목	세부항목	세세항목
		2. 소방전기시설 시공하기	1. 자동화재탐지설비를 할 수 있다. 2. 자동화재속보설비를 할 수 있다. 3. 누전경보기설비를 할 수 있다. 4. 비상경보설비 및 비상방송설비를 할 수 있다. 5. 제연설비부대 전기설비를 할 수 있다. 6. 비상콘센트설비를 할 수 있다. 7. 무선통신보조설비를 할 수 있다. 8. 가스누설경보기설비를 할 수 있다. 9. 유도등 및 비상조명등설비를 할 수 있다. 10. 상용 및 비상전원설비를 할 수 있다. 11. 종합방재센터설비를 할 수 있다. 12. 소화설비의 부대 전기설비를 할 수 있다. 13. 기타 소방전기시설 관련설비를 할 수 있다.
		3. 공사 서류 작성하기	1. 시공된 시설을 검사하여 설계도서와 일치여부를 판단할 수 있다. 2. 시공된 시설을 검사하여 관련 서류를 작성할 수 있다. 3. 공정관리 일정을 계획하여 공사일지를 작성 할 수 있다.
	3. 소방전기시설 유지관리	1. 소방전기시설 운용관리하기	1. 전기기기 점검 및 조작을 할 수 있다. 2. 회로점검 및 조작을 할 수 있다. 3. 재해방지 및 안전관리를 할 수 있다. 4. 자재관리를 할 수 있다. 5. 기술공무관리를 할 수 있다.
		2. 소방전기시설의 유지 보수 및 시험점검하기	1. 전기기기 보수 및 점검을 할 수 있다. 2. 시험 및 검사를 할 수 있다. 3. 계측 및 고장요인 파악을 할 수 있다. 4. 유지보수관리 및 계획수립을 할 수 있다. 5. 설치된 소방시설을 정상 가동하고, 자체 점검 사항을 기록할 수 있다. 6. 기록 사항을 분석하여 보수정비를 할 수 있다.

I 소방전기일반

쉽고 빠르게 합격하는 소방설비(산업)기사 필기시험 대비

PART 01 전기 이론

CHAPTER 01 직류회로
CHAPTER 02 정전계와 콘덴서
CHAPTER 03 정자계와 인덕턴스
CHAPTER 04 교류회로

01 직류회로

01 전기의 본질

(1) **전하**(Q) : 전기를 구성하는 가장 작은 입자로 전하가 가지는 전기량을 전하량이라 한다.

(2) **전하는 양전하와 음전하로 구성되며, 음전하를 전자라고 한다.**

(3) **전자 1개의 전하량** : $e = 1.602 \times 10^{-19} [C]$, 단위는 "쿨롱"이라 한다.

(4) **전자 1개의 질량** : $m = 9.1 \times 10^{-31} [kg]$

02 전류, 전압

(1) **전류**(I)

전선의 한 단면을 일정시간동안 통과하는 전하량의 값을 의미하며 수식은 아래와 같다.

$I = \dfrac{Q}{t} [C/\sec] = [A]$, 단위는 '암페어'라고 한다.

※ 교류에서의 전류표현 : $i = \dfrac{\Delta q}{\Delta t} = \dfrac{dq}{dt}$

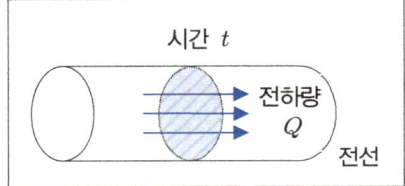

(2) **전압**(V)

전기장 내에서 두 지점 사이의 전기적 위치에너지의 차, 전위차라고도 하며, 전자가 낮은 전위에서 높은 전위로 전선을 이동하면서 한 일의 양을 의미하며 수식은 아래와 같다.

$V = \dfrac{W}{Q} [J/C] = [V]$, 단위는 '볼트'라고 한다.

※ 교류에서의 전압표현 : $v = \dfrac{\Delta w}{\Delta q} = \dfrac{dw}{dq}$

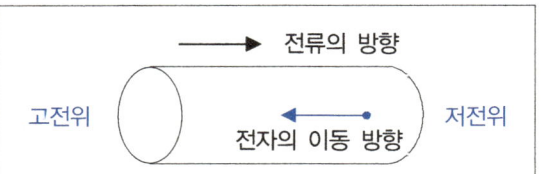

03 저항과 옴의법칙

(1) **저항**(R)

도체가 가지는 성분으로 전류를 잘 못 흐르게 하는 값이 되며, 도체(전선)가 가지는 저항 값은 아래와 같이 표현된다.

$R = \rho \dfrac{\ell}{S} [\Omega]$, 단위는 '옴'이라고 한다.

※ 여기서, ρ : 저항률, ℓ : 도체의 길이, S : 도체의 면적

※ 저항률 ρ의 단위 : $\rho = R\dfrac{S}{\ell} [\Omega \cdot m^2/m][\Omega \cdot m]$

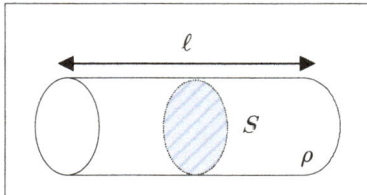

(2) 저항과 온도의 관계

도체가 T_0의 온도에서 T만큼 온도가 변했다고 할 때, 온도와 저항사이엔 아래와 같은 공식이 적용된다.

$$R = R_0(1 + \alpha(T - T_0))$$

여기서,
- R : 온도가 변한 후의 저항 값
- R_0 : 초기저항 값
- T : 변한 후의 온도
- T_0 : 초기온도 값
- α : 온도계수(도체 : 정(+)특성, 반도체 : 부(-)특성을 가짐)

참고) 저항의 합성 온도계수 $\alpha_0 = \dfrac{\alpha_1 R_1 + \alpha_2 R_2}{R_1 + R_2}$

여기서,
- R_1, R_2 : $t[℃]$에서의 저항값
- α_1, α_2 : R_1과 R_2의 온도계수

(3) 옴의 법칙

저항은 전압에 비례하며 전류엔 반비례한다는 법칙으로, 아래와 같은 수식들로 표현이 된다.

$$R = \frac{V}{I}[\Omega], \quad V = IR[V], \quad I = \frac{V}{R}[A]$$

04 키르히호프의 법칙

(1) 제1법칙(전류법칙, KCL)

임의의 점으로 들어가고 나오는 전류의 총합은 항상 일정하다.(=전류의 대수합이 0이다.)

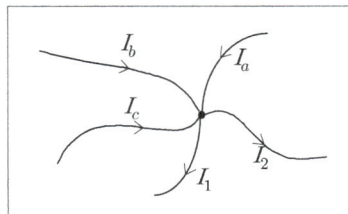

$$I_a + I_b + I_c = I_1 + I_2 \rightarrow I_a + I_b + I_c - (I_1 + I_2) = 0$$

(2) 제2법칙(전압법칙, KVL)

전류가 폐루프 내를 일주하며 만들어내는 전압의 총합은 항상 0이다.
(=기전력의 합과 전압강하의 합이 같다.)

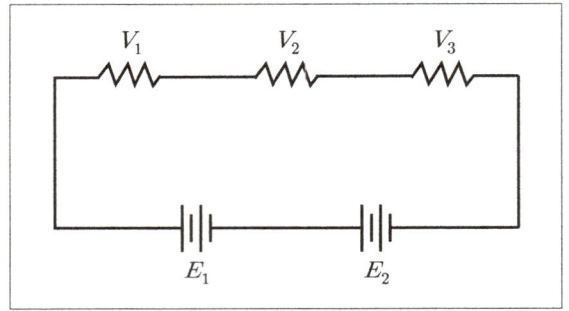

$$E_1 + E_2 = V_1 + V_2 + V_3 \rightarrow E_1 + E_2 - (V_1 + V_2 + V_3) = 0$$

05 저항의 연결

(1) 직렬연결 〈전류일정, 전압분배〉

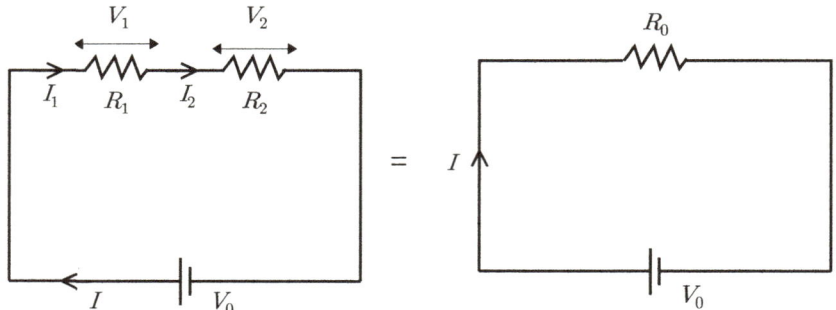

① 전류특성 : $I = I_1 = I_2$

② 전압특성 : KVL에 의해 $V_0 = V_1 + V_2 = I_1 R_1 + I_2 R_2$

③ R_1과 R_2의 합성저항을 R_0라고 할 때, $V_0 = I R_0 = I_1 R_1 + I_2 R_2 = I(R_1 + R_2)$

④ 직렬연결에서의 합성저항은 $\therefore R_0 = R_1 + R_2$

⑤ 전압분배법칙

㉠ $V_1 = IR_1 = \dfrac{V_0}{R_0} \times R_1 = \dfrac{V_0}{R_1 + R_2} \times R_1 \rightarrow \therefore V_1 = \dfrac{R_1}{R_1 + R_2} \times V_0$

㉡ $V_2 = IR_2 = \dfrac{V_0}{R_0} \times R_2 = \dfrac{V_0}{R_1 + R_2} \times R_2 \rightarrow \therefore V_2 = \dfrac{R_2}{R_1 + R_2} \times V_0$

(2) 병렬연결 〈전압일정, 전류분배〉

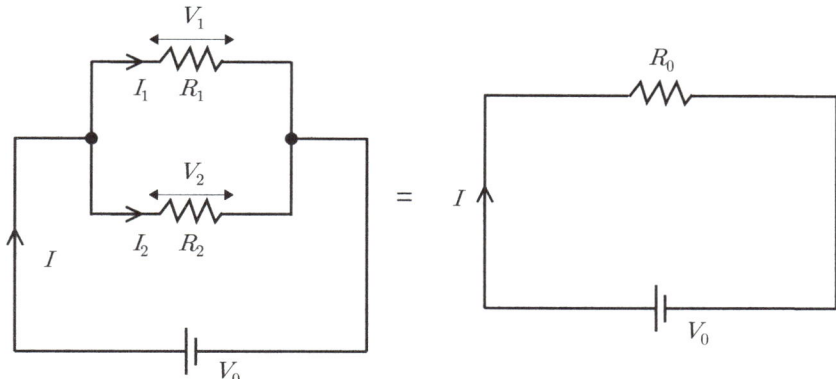

① 전압특성 : $V_0 = V_1 = V_2$

② 전류특성 : KCL에 의해 $I = I_1 + I_2 = \dfrac{V_1}{R_1} + \dfrac{V_2}{R_2}$

③ R_1과 R_2의 합성저항을 R_0라고 할 때, $I = \dfrac{V_0}{R_0} = \dfrac{V_1}{R_1} + \dfrac{V_2}{R_2} = V_0\left(\dfrac{1}{R_1} + \dfrac{1}{R_2}\right)$

④ 병렬연결에서의 합성저항은 ∴ $\dfrac{1}{R_0} = \dfrac{1}{R_1} + \dfrac{1}{R_2} \rightarrow R_0 = \dfrac{1}{\dfrac{1}{R_1} + \dfrac{1}{R_2}} = \dfrac{R_1 R_2}{R_1 + R_2}$

⑤ 전류분배법칙

㉠ $I_1 = \dfrac{V_1}{R_1} = \dfrac{V}{R_1} = \dfrac{IR_0}{R_1} = \dfrac{1}{R_1} \times \dfrac{R_1 R_2}{R_1 + R_2} \times I \rightarrow \therefore I_1 = \dfrac{R_2}{R_1 + R_2} \times I$

㉡ $I_2 = \dfrac{V_2}{R_2} = \dfrac{V}{R_2} = \dfrac{IR_0}{R_2} = \dfrac{1}{R_2} \times \dfrac{R_1 R_2}{R_1 + R_2} \times I \rightarrow \therefore I_2 = \dfrac{R_1}{R_1 + R_2} \times I$

⑥ 컨덕턴스(G)

㉠ 저항의 역수로 병렬연결을 해석할 때 이를 활용하면 더 쉬운 결과를 도출할 수 있다.

㉡ $G = \dfrac{1}{R}[\mho] = [S]$, 단위는 '모' 또는 '지멘스' 라고 읽는다.

㉢ 병렬연결에서 합성 컨덕턴스 ∴ $G_0 = G_1 + G_2$

(3) 여러 개의 동일한 저항의 접속

① 크기가 R인 저항이 n개가 있을 경우 직렬 합성저항 → $R_0 = nR$

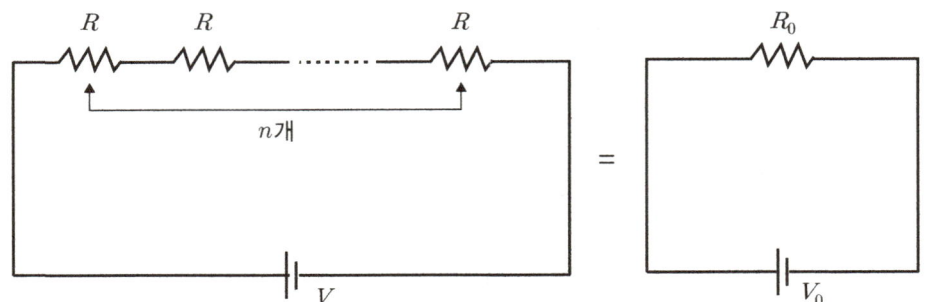

② 크기가 R인 저항이 n개가 있을 경우 병렬 합성저항 → $R_0 = \dfrac{R}{n}$

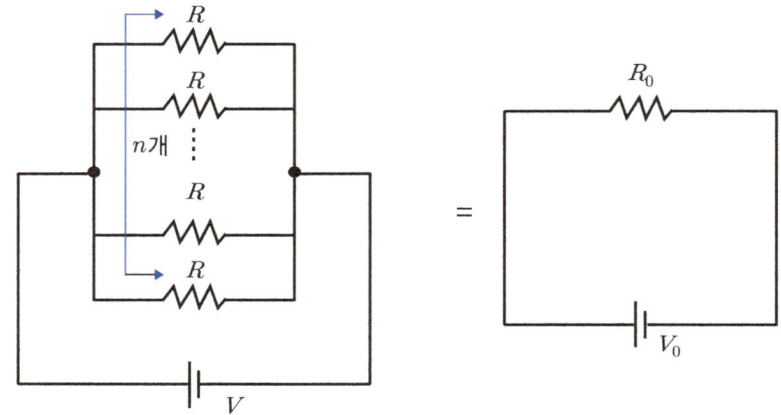

06 전력과 전력량

(1) 전력 : 단위시간에 전기가 한 일로 전류와 전압의 곱으로 표현되며 단위는 '와트'로 표현된다.

$$P = VI = I^2R = \dfrac{V^2}{R}[J/s] = [W]$$

직렬연결에선 I^2R, 병렬연결에선 $\dfrac{V^2}{R}$를 주로 활용한다.

(2) 전력량 : 전기가 한 일의 전체 양으로 전력과 시간의 곱으로 표현되며 단위는 '줄'이다.

$$W = Pt = VIt = I^2Rt = \dfrac{V^2}{R}t[W \cdot s] = [J]$$

07 줄의 법칙

(1) 저항에 전류가 흐르면 저항에 열이 발생하게 된다.

(2) 이때 저항에서 발생한 열량은 전류의 제곱과 저항의 곱에 비례하는 관계를 보인다.

$$H = 0.24I^2Rt = 0.24Pt = 0.24\frac{V^2}{R}t = cm\Delta T [cal]$$

여기서,
- c : 물질의 비열(물의 비열=1)
- m : 물질의 질량
- ΔT : 온도차

(3) 전력량과 열량의 관계

$1[J] = 0.24[cal] \leftrightarrow 1[cal] = 4.18[J]$

08 열전현상

(1) **제어백 효과** : 서로다른 금속 → 온도차 → 기전력 발생

(2) **펠티에 효과** : 서로다른 금속 → 전류 → 온도차 발생

(3) **톰슨 효과** : 온도차가 있는 동일한 금속 → 전류 → 더 큰 온도차 발생

CHAPTER 01 직류회로

01 옴의 법칙에 대한 설명으로 옳은 것은?
① 전압은 저항에 반비례한다.　② 전압은 전류에 비례한다.
③ 전압은 전류에 반비례한다.　④ 전압은 전류의 제곱에 비례한다.

> **정답** ②
> **해설** • 옴의 법칙
> 저항은 전압에 비례하며 전류엔 반비례한다는 법칙
> $R = \dfrac{V}{I}[\Omega],\ V = IR[V],\ I = \dfrac{V}{R}[A]$

02 수신기에 내장된 축전지의 용량이 $6[A \cdot h]$인 경우 $0.4[A]$의 부하전류로는 몇 시간 동안 사용할 수 있는가?
① 2.4시간　② 15시간
③ 24시간　④ 30시간

> **정답** ②
> **해설** • 전류
> $I = \dfrac{Q}{t}$
> $\therefore\ t = \dfrac{Q}{I} = \dfrac{6}{0.4} = 15[h]$

03 회로에서 a, b 사이의 합성저항은 몇 Ω인가?

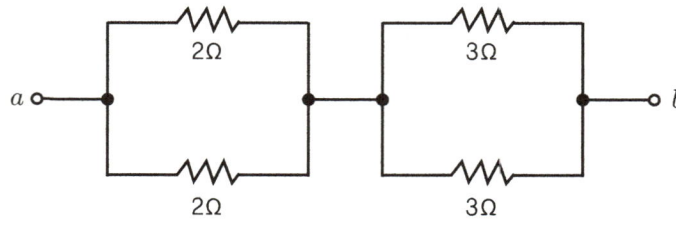

① 2.5　② 5
③ 7.5　④ 10

정답 ①
해설 ● 병렬연결의 합성저항

$$R_0 = \frac{R_1 R_2}{R_1 + R_2}$$

$$\therefore R_0 = \frac{2 \times 2}{2+2} + \frac{3 \times 3}{3+3} = 1 + 1.5 = 2.5[\Omega]$$

04 직류회로에서 도체를 균일한 체적으로 길이를 10배 늘이면 도체의 저항은 몇 배가 되는가?

① 10
② 20
③ 100
④ 120

정답 ③
해설 ● 도체 선로저항

$$R = \rho \frac{\ell}{S}$$

균일한 체적으로 길이만 10배로 늘어났다면 단면적은 $\frac{1}{10}$ 배가 된다.

$$\therefore R' = \rho \frac{\ell'}{S'} = \rho \frac{10\ell}{\frac{1}{10}S} = 100\rho\frac{\ell}{S} = 100R$$

05 $1[W \cdot s]$와 같은 것은?

① $1[J]$
② $1[kg \cdot m]$
③ $1[kWh]$
④ $860[kcal]$

정답 ①
해설 ● 전력량
전기가 한 일의 전체 양으로 전력과 시간의 곱으로 표현되며 단위는 '줄'이다.

$$W = Pt = VIt = I^2Rt = \frac{V^2}{R}t [W \cdot s] = [J]$$

06 줄의 법칙에 관한 수식으로 <u>틀린</u> 것은?

① $H = I^2 Rt [J]$
② $H = 0.24 I^2 Rt [cal]$
③ $H = 0.12 VIt [J]$
④ $H = \dfrac{1}{4.2} I^2 Rt [cal]$

정답 ③
해설 ● 줄의 법칙
$$H = I^2 Rt [J] = 0.24 I^2 Rt [cal] = \dfrac{1}{4.2} I^2 Rt [cal]$$

07 어느 도선의 길이를 2배로 하고 전기저항을 5배로 하려면 도선의 단면적은 몇 배로 되는가?

① 10배
② 0.4배
③ 2배
④ 2.5배

정답 ②
해설 ● 고유저항
$$R = \rho \dfrac{\ell}{S} = \rho \dfrac{\ell}{\dfrac{\pi}{4} d^2}$$
$$\therefore S = \rho \dfrac{\ell}{R}, \ S' = \rho \dfrac{2\ell}{5R} \rightarrow 0.4배$$

08 어떤 옥내배선에 $380[V]$의 전압을 가하였더니 $0.2[mA]$의 누설전류가 흘렀다. 이 배선의 절연저항은 몇 $[M\Omega]$인가?

① 0.2
② 1.9
③ 3.8
④ 7.6

정답 ②
해설 ● 저항
$$R = \dfrac{V}{I}$$
$$\therefore R = \dfrac{380}{0.2 \times 10^{-3}} = 1.9 \times 10^{-6} = 1.9 [M\Omega]$$

09 자동화재탐지설비의 감지기 회로의 길이가 $500[m]$이고, 종단에 $8[k\Omega]$의 저항이 연결되어 있는 회로에 $24[V]$의 전압이 가해졌을 경우 도통 시험 시 전류는 약 몇 $[mA]$인가? (단, 동선의 저항률은 $1.69 \times 10^{-8}[\Omega \cdot m]$이며, 동선의 단면적은 $2.5[mm^2]$이고, 접촉저항 등은 없다고 본다.)

① 2.4　　　　　　　　　② 3.0
③ 4.8　　　　　　　　　④ 6.0

정답 ②
해설 • 도통시험 전류
$$I = \frac{V}{R} = \frac{\text{정격전압}}{\text{선로저항}+\text{종단저항}}$$
• 도체 선로저항
$$R = \rho\frac{\ell}{S}$$
$$= 1.69 \times 10^{-8} \times \frac{500}{2.5 \times 10^{-3}} \fallingdotseq 3.38[\Omega]$$
$$\therefore I = \frac{24}{3.38+(8 \times 10^3)} \times 10^3 = 3[mA]$$

10 $20[\Omega]$과 $40[\Omega]$의 병렬회로에서 $20[\Omega]$에 흐르는 전류가 $10[A]$라면, 이 회로에 흐르는 총 전류는 몇 $[A]$인가?

① 5　　　　　　　　　② 10
③ 15　　　　　　　　　④ 20

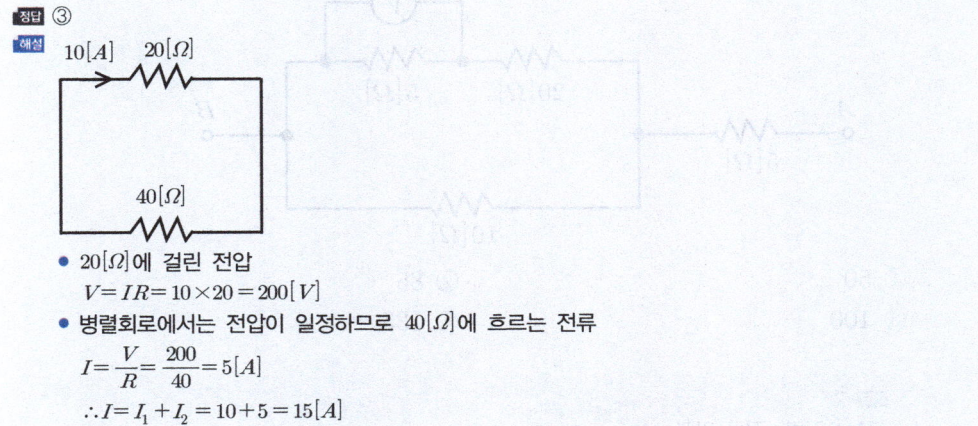

정답 ③
해설
• $20[\Omega]$에 걸린 전압
$$V = IR = 10 \times 20 = 200[V]$$
• 병렬회로에서는 전압이 일정하므로 $40[\Omega]$에 흐르는 전류
$$I = \frac{V}{R} = \frac{200}{40} = 5[A]$$
$$\therefore I = I_1 + I_2 = 10 + 5 = 15[A]$$

11 그림과 같은 회로에서 A-B 단자에 나타나는 전압은 몇 V 인가?

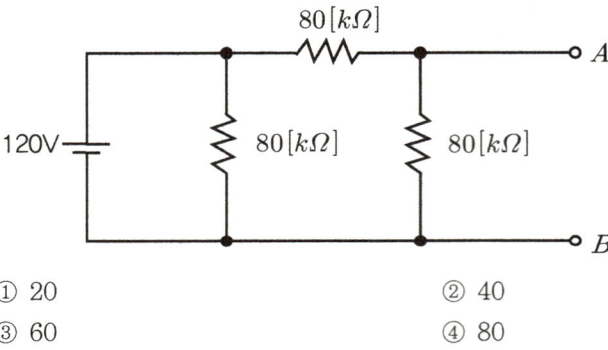

① 20
③ 60
② 40
④ 80

정답 ③

해설

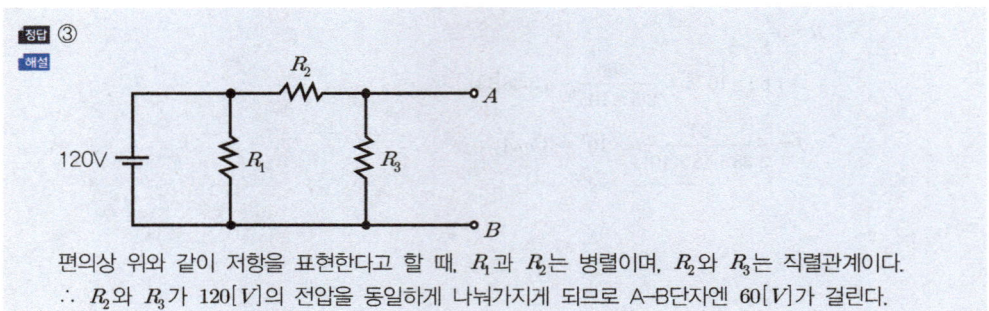

편의상 위와 같이 저항을 표현한다고 할 때, R_1과 R_2는 병렬이며, R_2와 R_3는 직렬관계이다.
∴ R_2와 R_3가 120[V]의 전압을 동일하게 나눠가지게 되므로 A-B단자엔 60[V]가 걸린다.

12 그림과 같은 회로에서 전압계 Ⓥ가 10V일 때 단자 A-B 간의 전압은 몇 V 인가?

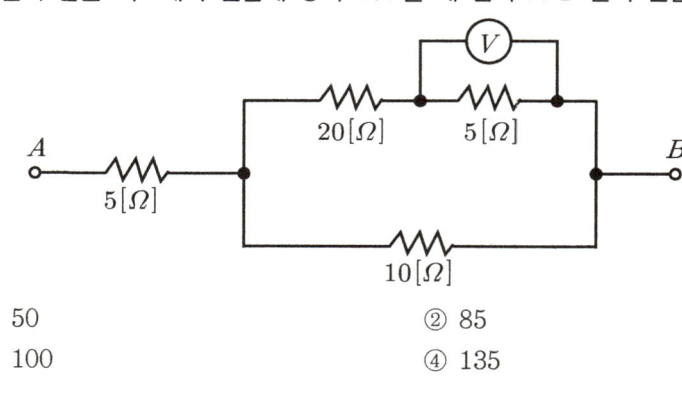

① 50
③ 100
② 85
④ 135

정답 ②

해설
- 직렬 : 전류 일정
- 병렬 : 전압 일정

- 5[Ω]에서의 전류(전압계의 전압 10[V])

  $I_1 = \dfrac{V}{R} = \dfrac{10}{5} = 2[A]$

- 20[Ω]에서의 전압

  $V_1 = IR = 2 \times 20 = 40[V]$

- 10[Ω]에서의 전류(병렬연결이기 때문에 전압 일정)

  $I_2 = \dfrac{V}{R} = \dfrac{10+40}{10} = 5[A]$

- 전체전류

  $I_0 = I_1 + I_2 = 2 + 5 = 7[A]$

- 5[Ω]에서의 전압

  $V_2 = IR = 7 \times 5 = 35[V]$

  ∴ A-B간에 걸리는 전체전압 $V_0 = 35 + 50 = 85[V]$

CHAPTER 02 정전계와 콘덴서

01 쿨롱의 법칙

(1) 전계 내에서 두 점전하 사이에 작용하는 힘은 전하의 곱에 비례하며 거리에 반비례한다.

(2) 쿨롱력(=정전력)

$$F = \frac{Q_1 Q_2}{4\pi\varepsilon_0 r^2} = 9 \times 10^9 \times \frac{Q_1 Q_2}{r^2}[N]$$

여기서,
- Q_1, Q_2 : 두 점전하의 전하량 $[C]$
- r : 두 점전하 사이의 거리 $[m]$
- ε_0 : 진공중의 유전율($\varepsilon_0 = 8.854 \times 10^{-12}[F/m]$(패럿 퍼 미터))

※ 유전율 : 전하를 모으는 성질로 유전율이 클수록 전하가 더 많이 모인다.

$\varepsilon = \varepsilon_0 \varepsilon_s$ (여기서, ε_s : 비유전율(어느 물질의 유전율과 진공 중 유전율 사이의 비))

02 전계의 세기

(1) $1[C]$의 점전하를 전기장에 놓았을 때, $r[m]$거리에 있는 $Q[C]$의 전하가 받는 힘

(2) 점전하의 전계의 세기

$$E = \frac{Q}{4\pi\varepsilon_0 r^2} = 9 \times 10^9 \times \frac{Q}{r^2}[V/m]$$

※ 무한도체 표면의 전계의 세기 : $E = \frac{\sigma}{\varepsilon}[V/m]$

03 전기력선, 전위

(1) **정의** : 전하에서 나오는 전계의 방향을 나타내기 위한 가상의 선

(2) **전기력선의 성질**
① 전기력선은 양(+)전하에서 나와 음(-)전하로 들어간다.
② 전기력선은 도체 표면과 수직으로 통과한다.
③ 도체 내부엔 전기력선이 존재할 수 없다.
④ 전기력선의 접선방향은 그 지점의 전계의 방향이다.
⑤ 전기력선은 서로 교차하지 않으며 끊어지지 않는다.
⑥ 전기력선은 높은 전위에서 낮은 전위로 이동한다.

⑦ 전기력선은 등전위면과 직교한다.

(3) 전위 : 전기적 위치에너지로 전계의 세기에 거리를 곱한 값으로 표현된다.

$$V = \frac{Q}{4\pi\varepsilon_0 r} = 9 \times 10^9 \times \frac{Q}{r} = Er\,[V]$$

04 가우스 법칙

(1) 폐곡면 내부에 전하들이 있다고 할 때, 폐곡면을 뚫고 나오는 전기력선의 총 수는 $\frac{Q}{\varepsilon}$개다.

(2) 폐곡면을 뚫고 나오는 전속선의 총 수는 전하량 Q개가 된다.

05 콘덴서와 정전용량

(1) 콘덴서

　극판 사이를 절연물로 막은 후 유전체를 채워 넣은 소자로, 정전유도원리를 이용해서 전하를 축적하는 용도로 쓴다. 이 콘덴서가 전하를 축적할 수 있는 능력치를 정전용량이라 한다.

(2) 정전용량(= 커패시턴스, $C[F]$(패럿))

　콘덴서의 극판의 면적을 S, 극판 사이의 간격을 d, 유전율을 ε이라고 할 때, 유전율이 클수록, 극판이 넓고 간격이 좁을수록 전하를 더 많이 축적 할 수 있다. 이를 수식으로 나타내면 아래와 같이 쓸 수 있다.

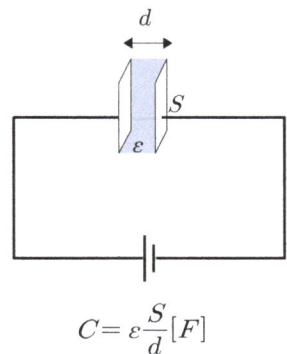

$$C = \varepsilon \frac{S}{d}\,[F]$$

또한, 정전용량은 콘덴서에 가해지는 전압 V와 콘덴서에 축적되는 전하량 Q를 이용해서 아래와 같은 수식으로도 나타낼 수 있다.

$$C = \frac{Q}{V}\,[F]$$

06 콘덴서의 연결

(1) 직렬연결(=저항의 병렬연결과 같은 특성)

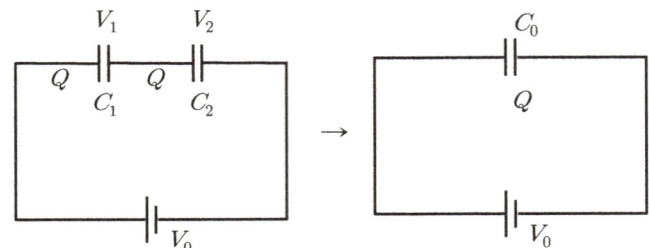

① 전하량 특성 : 직렬연결에선 콘덴서에 축적되는 전하량이 모두 동일하다.

② 전압 특성 : 직렬연결에선 전압이 분배되므로 KVL에 의해

$$V_0 = V_1 + V_2 = \frac{Q}{C_1} + \frac{Q}{C_2} = \frac{Q}{C_0} \left(\because C = \frac{Q}{V} \to V = \frac{Q}{C} \right)$$

③ 합성 정전용량 : $\frac{1}{C_0} = \frac{1}{C_1} + \frac{1}{C_2} \to \therefore C_0 = \frac{C_1 C_2}{C_1 + C_2}[F]$

④ 전압 분배법칙

㉠ $V_1 = \frac{Q_1}{C_1} = \frac{Q}{C_1} = \frac{C_0 V_0}{C_1} = \frac{1}{C_1} \times \frac{C_1 C_2}{C_1 + C_2} \times V_0 \to \therefore V_1 = \frac{C_2}{C_1 + C_2} \times V_0 [V]$

㉡ $V_2 = \frac{Q_2}{C_2} = \frac{Q}{C_2} = \frac{C_0 V_0}{C_2} = \frac{1}{C_2} \times \frac{C_1 C_2}{C_1 + C_2} \times V_0 \to \therefore V_2 = \frac{C_1}{C_1 + C_2} \times V_0 [V]$

(2) 병렬연결(=저항의 직렬연결과 같은 특성)

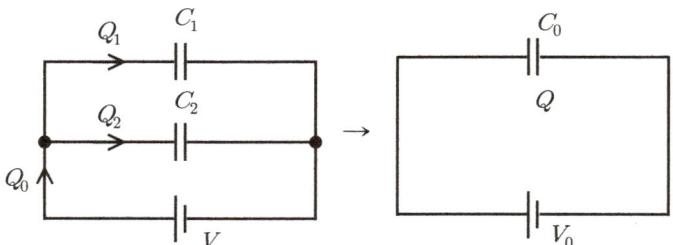

① 전압 특성 : 병렬연결에선 전압이 일정하므로 콘덴서에 가해지는 전압이 모두 동일하다.

② 전하량 특성 : 병렬연결에선 전류가 분배되므로 KCL에 의해 전하량도 분배가 된다.

$$Q_0 = Q_1 + Q_2 = C_1 V + C_2 V = C_0 V \left(\because C = \frac{Q}{V} \to Q = CV \right)$$

③ 합성 정전용량 : $C_0 = C_1 + C_2 [F]$

④ 전하량 분배법칙

㉠ $Q_1 = C_1 V_1 = C_1 V = C_1 \times \frac{Q_0}{C_0} \to \therefore Q_1 = \frac{C_1}{C_1 + C_2} \times Q_0 [C]$

ⓛ $Q_2 = C_2 V_2 = C_2 V = C_2 \times \dfrac{Q_0}{C_0}$ → ∴ $Q_2 = \dfrac{C_2}{C_1 + C_2} \times Q_0 [C]$

07 정전에너지

콘덴서에 축적되는 에너지는 아래와 같이 표현할 수 있다.

$$W = \dfrac{1}{2} CV^2 \,[J]$$

CHAPTER 02 정전계와 콘덴서

01 공기 중에 $2[m]$의 거리에 $10[\mu C]$, $20[\mu C]$의 두 점전하가 존재할 때 이 두 전하 사이에 작용하는 정전력은 약 몇 $[N]$인가?

① 0.45
② 0.9
③ 1.8
④ 3.6

정답 ①
해설 • 쿨롱의 법칙
$$F = \frac{Q_1 Q_2}{4\pi\varepsilon_0 r^2} = 9 \times 10^9 \times \frac{Q_1 Q_2}{r^2} [N]$$
$$\therefore F = 9 \times 10^9 \times \frac{10 \times 10^{-6} \times 20 \times 10^{-6}}{2^2} = 0.45 [N]$$

02 $50[F]$의 콘덴서 2개를 직렬로 연결하면 합성 정전용량은 몇 $[F]$인가?

① 25
② 50
③ 100
④ 1000

정답 ①
해설 • 콘덴서의 직렬 합성 커패시턴스(정전용량)
$$C_0 = \frac{C_1 C_2}{C_1 + C_2} [F]$$
$$\therefore C_0 = \frac{50 \times 50}{50 + 50} = 25 [F]$$

03 진공 중에 놓인 $5[\mu C]$의 점전하에서 $2[m]$되는 점에서의 전계는 몇 $[V/m]$인가?

① 11.25×10^3
② 16.25×10^3
③ 22.25×10^3
④ 28.25×10^3

정답 ①
해설 • 전계의 세기
$$E = \frac{Q}{4\pi\varepsilon_0 r^2} = 9 \times 10^9 \times \frac{Q}{r^2} [V/m]$$
$$\therefore E = 9 \times 10^9 \times \frac{5 \times 10^{-6}}{2^2} = 11.25 \times 10^3 [V/m]$$

04 용량 $0.02[\mu F]$ 콘덴서 2개와 $0.01[\mu F]$ 콘덴서 1개를 병렬로 접속하여 $24[V]$의 전압을 가하였다. 합성용량은 몇 $[\mu F]$이며, $0.01[\mu F]$ 콘덴서에 축적되는 전하량은 몇 $[C]$인가?

① $0.05,\ 0.12\times 10^{-6}$
② $0.05,\ 0.24\times 10^{-6}$
③ $0.03,\ 0.12\times 10^{-6}$
④ $0.03,\ 0.24\times 10^{-6}$

정답 ②
해설 ● 커패시터의 병렬합성 정전용량
$C_0 = C_1 + C_2 + C_3\ [F]$
$\therefore C_0 = 0.02 + 0.02 + 0.01 = 0.05[\mu F]$
● 전하량
$Q = CV[C]$
$\therefore Q = CV = 0.01\times 10^{-6}\times 24 = 0.24\times 10^{-6}[C]$

CHAPTER 03 정자계와 인덕턴스

01 쿨롱의 법칙

(1) 자계 내에서 두 점자하 사이에 작용하는 힘은 자하의 곱에 비례하며 거리에 반비례한다.

(2) 쿨롱력

$$F = \frac{m_1 m_2}{4\pi\mu_0 r^2} = 6.33 \times 10^4 \times \frac{m_1 m_2}{r^2} [N]$$

여기서
- m_1, m_2 : 두 점자하의 자하량 $[Wb]$(웨버)
- r : 두 점자하 사이의 거리 $[m]$
- μ_0 : 진공중의 투자율($\mu_0 = 4\pi \times 10^{-7}[H/m]$(헨리 퍼 미터))

※ 투자율 : 자속이 물체를 투과할 수 있는 정도로 투자율이 높을수록 자속이 잘 모인다.
$\mu = \mu_0 \mu_s$(여기서, μ_s : 비투자율(어느 물질의 투자율과 진공 중 투자율 사이의 비))

02 자계의 세기

(1) $1[Wb]$의 점전하를 전기장에 놓았을 때, $r[m]$거리에 있는 $m[Wb]$의 자하가 받는 힘

(2) 점자하의 자계의 세기

$$H = \frac{m}{4\pi\mu_0 r^2} = 6.33 \times 10^4 \times \frac{m}{r^2} [AT/m]$$

03 전류에 의한 자계의 세기

(1) 무한장 직선전류에 의한 자계의 세기

$$H = \frac{I}{2\pi r} [AT/m]$$

(2) 원형코일에 의한 자계의 세기

$$H = \frac{NI}{2a} [AT/m]$$

(3) 환상솔레노이드의 자계의 세기

① 내부 자계의 세기 : $H = \dfrac{NI}{2\pi a} [AT/m]$

② 외부 자계의 세기 : $H = 0$

(4) 무한장 솔레노이드의 자계의 세기
① 내부 자계의 세기 : $H = nI [AT/m]$
② 외부 자계의 세기 : $H = 0$

(5) 회로의 자계의 세기
① 정삼각형 : $H = \dfrac{9I}{2\pi l}[AT/m]$

② 정방형(정사각형) : $H = \dfrac{2\sqrt{2}\,I}{\pi l}[AT/m]$

③ 정육각형 : $H = \dfrac{\sqrt{3}\,I}{\pi l}[AT/m]$

(6) **비오사바르의 법칙** : 미소선전류에 의해 발생하는 미소자계는 아래와 같다.
$$\Delta H = \dfrac{I\Delta \ell \sin\theta}{4\pi r^2}[AT/m]$$

04 두 평행도선 사이에 작용하는 힘

(1) 두 도선 사이의 간격이 $r[m]$, 도선의 전류 크기는 각각 I_1, I_2라 할 경우 단위길이당 두 도선 사이에 작용하는 힘은 아래와 같게 표현된다.
$$F = \dfrac{I_1 I_2}{r} \times 2 \times 10^{-7}[N/m], \text{ 이때}$$

(2) **평행도선인 경우** : 두 도선 사이에 흡인력 발생

(3) **왕복도선인 경우** : 두 도선 사이에 반발력 발생

05 앙페르의 오른나사법칙

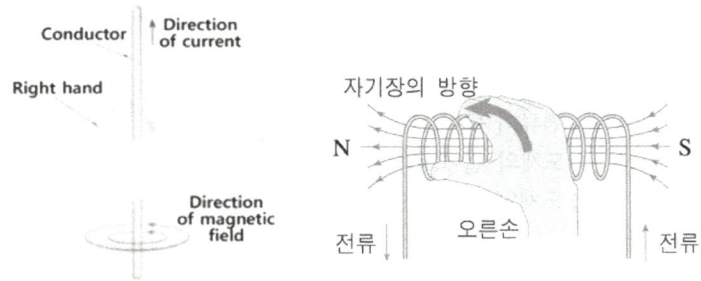

(1) 오른손으로 전류가 흐르는 도체를 감싸 쥐려고 할 때 전류의 방향을 엄지손가락이라고 할 경우 오른손으로 감싸쥐는 방향이 자기장의 방향이 된다.

(2) 반면에 솔레노이드에 전류가 흐르는 경우엔 전류가 회전하면서 진행하는 방향을 오른손으로 감싸쥔 방향이라고 할 경우 엄지손가락의 방향이 자속의 진행방향이 된다. 이 때 엄지손가락이 가리키는 방향이 N극, 반대편이 S극이 된다.

06 플레밍의 법칙

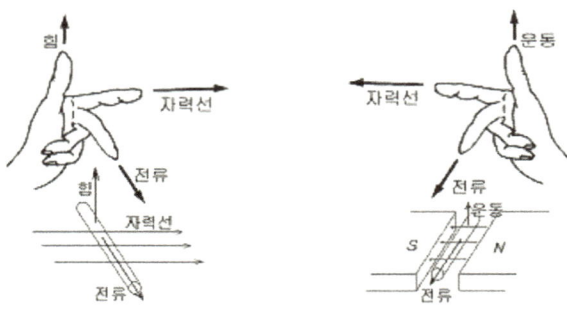

(1) **플레밍의 오른손법칙** : 자기장에 놓인 도체가 자속을 끊으며 운동을 하게 되면 기전력이 유도된다는 법칙으로 발전기의 기전력 생성원리의 근간이 되는 법칙이다. 엄지, 검지, 중지의 방향은 각각 도체의 운동방향, 자속의 방향, 기전력의 방향이 된다.

① 도체에 유도되는 기전력 : $e = vB\ell \sin\theta [V]$

이때,
- e : 유도기전력$[V]$
- v : 도체의 운동방향$[V/m]$
- B : 자속밀도$[Wb/m^2]$
- ℓ : 도체의 길이$[m]$
- θ : 도체와 자속 사이의 각도, θ가 90°가 될 때 기전력이 최대가 된다.

(2) **플레밍의 왼손법칙** : 자기장에 놓인 도체에 전류를 인가하면 도체가 힘(전자력)을 받아 움직이게 된다는 법칙으로 전동기의 회전원리의 근간이 되는 법칙이다. 엄지, 검지, 중지의 방향은 각각 도체가 받는 힘의 방향, 자속의 방향, 전류의 방향이 된다.

① 도체에 가해지는 힘(전자력) : $F = BI\ell \sin\theta [N]$

이때,
- F : 도체에 가해지는 힘$[N]$
- B : 자속밀도$[Wb/m^2]$
- I : 전류의 방향$[A]$
- ℓ : 도체의 길이$[m]$
- θ : 도체와 자속 사이의 각도, θ가 90°가 될 때 도체가 받는 힘이 최대가 된다.

07 패러데이의 전자유도법칙

변압기의 원리가 되는 법칙으로, 코일에 유도되는 기전력의 크기는 코일의 권수와 자속의 변화량의 곱에 비례하며 자속 진행방향의 반대방향으로 생성된다. 이 기전력의 크기는 코일의 인덕턴스 값과 코일의 흐르는 전류의 변화량의 곱에 비례하는 값과 같은 값는다. 아래 공식에서 기전력의 크기를 패러데이의 법칙, 방향을 나타내는 것을 렌쯔의 법칙이라 말해준다.

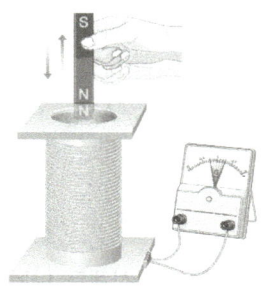

$$e = -N\frac{d\phi}{dt} = -L\frac{di}{dt}\,[V]$$

이때,
- e : 유도기전력 $[V]$
- ϕ : 자속 $[Wb]$
- N : 권수 $[회]$
- i : 전류 $[A]$
- L : 인덕턴스 $[H]$

08 인덕턴스(자기용량)

(1) **정의** : 코일에 있는 성분으로 인덕턴스가 클수록 자속을 더 많이 생성할 수 있다.
기호는 L, 단위는 $[H]$(헨리)라 읽는다.

(2) **인덕턴스** : $L = \dfrac{N\phi}{I} = \dfrac{N}{I} \times \dfrac{NI}{R_m} = \dfrac{N^2}{\dfrac{\ell}{\mu S}} = \dfrac{\mu S N^2}{\ell}\,[H]$

(3) **자속** : $\phi = \dfrac{NI}{R_m} = \dfrac{NI}{\dfrac{\ell}{\mu S}} = \dfrac{\mu S N I}{\ell}\,[Wb]$,

여기서
- R_m : 자기저항
- ℓ : 솔레노이드의 길이
- S : 솔레노이드의 단면적

※ 솔레노이드의 길이가 $1[m]$라 할 경우 $\phi = \dfrac{\mu S N I}{\ell} = \mu S N I\,[Wb]$

(4) 인덕턴스의 합성

두 코일을 감아준 방향이 같을 경우 가동결합, 반대로 감을 경우 차동결합이라 하며, 이때의 합성 인덕턴스는 아래와 같다.

① 가동결합시 합성 인덕턴스 : $L_0 = L_1 + L_2 + 2M$

② 차동결합시 합성 인덕턴스 : $L_0 = L_1 + L_2 - 2M$

③ 상호인덕턴스 : 한 코일에서 나오는 자속이 다른 코일로 얼마나 쇄교되는지 나타내는 정도로 아래와 같은 식으로 표현된다.

$$M = k\sqrt{L_1 L_2}$$ 이때, k : 결합계수

09 자성체의 종류

자성체는 크게 강자성체, 상자성체, 반자성체로 나뉘어진다.

(1) 강자성체 : 비투자율이 1보다 매우 큰 물질로 니켈, 코발트, 철 등이 있다.

(2) 상자성체 : 비투자율이 1에 근접한 물질로 백금, 알루미늄, 산소, 텅스텐 등이 있다.

(3) 반자성체 : 비투자율이 1보다 작은 물질로 비스무트, 아연, 구리, 납, 은 등이 있다.

10 전자에너지

코일에 축적되는 에너지는 아래와 같이 표현할 수 있다.

$$W = \frac{1}{2}LI^2\,[J]$$

CHAPTER 03 정자계와 인덕턴스

01 반지름 20[cm], 권수 50회인 원형코일에 2[A]의 전류를 흘려주었을 때 코일 중심에서 자계(자기장)의 세기[AT/m]는?

① 70 ② 100
③ 125 ④ 250

 ④
 ● 원형코일 중심의 자계의 세기

$$H = \frac{NI}{2a}[AT/m]$$

$$\therefore H = \frac{50 \times 2}{2 \times 20 \times 10^{-2}} = 250[AT/m]$$

02 전자유도현상에서 코일에 생기는 유도기전력의 방향을 정의한 법칙은?

① 플레밍의 오른손법칙 ② 플레밍의 왼손법칙
③ 렌쯔의 법칙 ④ 패러데이의 법칙

 ③
 ● 전기 관련 법칙

구분	내용
플레밍의 오른손 법칙	발전기의 원리 발전기의 유도전압 방향 결정
플레밍 왼손 법칙	전동기의 원리 도선이 받는 힘의 방향 결정
렌쯔의 법칙	유도기전력의 방향 결정
페러데이 법칙	유도기전력의 크기 결정
앙페르의 오른 나사법칙	자계 방향 결정
바오사바르의 법칙	도선에 전류가 흐를 때 자장의 크기 결정

03 원형 단면적이 $S[m^2]$, 평균자로의 길이가 $\ell[m]$, $1[m]$당 권선수의 N회인 공심 환상솔레노이드에 $I[A]$의 전류를 흘릴 때 철심 내의 자속은?

① $\dfrac{NI}{\ell}$ ② $\dfrac{\mu_0 SNI}{\ell}$

③ $\mu_0 SNI$ ④ $\dfrac{\mu_0 SN^2 I}{\ell}$

정답 ③

해설 • 자속

$$\phi = \dfrac{NI}{R_m} = \dfrac{NI}{\dfrac{\ell}{\mu S}} = \dfrac{\mu SNI}{\ell}[Wb]$$

∴ ℓ이 $1[m]$이므로 $\phi = \mu_0 SNI$

04 평행한 왕복 전선에 $10[A]$의 전류가 흐를 때 전선 사이에 작용하는 전자력 $[N/m]$은? (단, 전선의 간격은 $40[cm]$이다.)

① $5 \times 10^{-5}[N/m]$, 서로 반발하는 힘
② $5 \times 10^{-5}[N/m]$, 서로 흡인하는 힘
③ $7 \times 10^{-5}[N/m]$, 서로 반발하는 힘
④ $7 \times 10^{-5}[N/m]$, 서로 흡인하는 힘

정답 ①

해설 • 두 도선 사이에 작용하는 힘

$$F = \dfrac{I_1 I_2}{r} \times 2 \times 10^{-7}[N/m]$$

$$F = \dfrac{10 \times 10}{40 \times 10^{-2}} \times 2 \times 10^{-7} = 5 \times 10^{-5}[N/m]$$

평행도선	왕복도선
흡인력 발생	반발력 발생

∴ 왕복도선이기 때문에 전류의 방향이 서로 반대이므로, 반발력이 작용한다.

05 다음 중 강자성체에 속하지 <u>않는</u> 것은?

① 니켈 ② 알루미늄
③ 코발트 ④ 철

 ②
 • 자성체의 종류

구분	종류
강자성체	니켈, 코발트, 철 등
상자성체	백금, 알루미늄, 산소, 텅스텐 등
반자성체	비스무트, 아연, 구리, 납, 은 등

06 다음과 같은 결합회로의 합성인덕턴스로 옳은 것은?

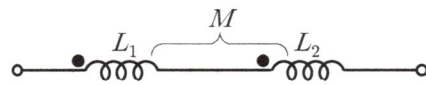

① $L_1 + L_2 + 2M$ ② $L_1 + L_2 - 2M$
③ $L_1 + L_2 - M$ ④ $L_1 + L_2 + M$

 ①
 • 인덕턴스의 합성
두 코일을 감아준 방향이 같을 경우 가동결합, 반대로 감을 경우 차동결합이라 한다.

가동결합	$L_0 = L_1 + L_2 + 2M$
차동결합	$L_0 = L_1 + L_2 - 2M$

07 비투자율 $\mu_s = 500$, 평균 자로의 길이 $1[m]$의 환상 철심 자기회로에 $2[mm]$의 공극을 내면 전체의 자기저항은 공극이 없을 때의 약 몇 배가 되는가?

① 5   ② 2.5
③ 2   ④ 0.5

정답 ③

해설
- 자기저항

$$R = \frac{\ell}{\mu S} = \frac{\ell}{\mu_0 \mu_s S} [AT/Wb]$$

- 공극이 없는 경우 자기저항

$$R_m = \frac{\ell}{\mu S}$$

- 공극이 있는 경우 자기저항

$$R_m' = \frac{\ell_0}{\mu_0 S} + \frac{\ell}{\mu S}$$

$$\therefore \frac{R_m'}{R_m} = \frac{\dfrac{\ell_0}{\mu_0 S} + \dfrac{\ell}{\mu S}}{\dfrac{\ell}{\mu S}} = \frac{\ell_0 \mu S}{\ell \mu_0 S} + 1$$

$$= \frac{\ell_0 \mu_0 \mu_s S}{\ell \mu_0 S} + 1 = \frac{\ell_0 \mu_s}{\ell} + 1$$

$$= \frac{2 \times 10^{-3} \times 500}{1} + 1 = 2$$

04 교류회로

01 정현파 교류

(1) 순시값

전류, 전압이 순간적으로 어떤 값이 나오는지 나타내주는 값으로 sin파(정현파)를 이용해서 값을 표현해준다.

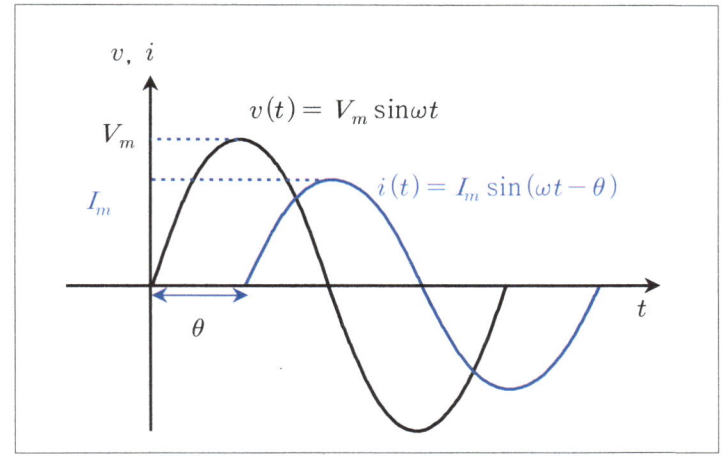

① 기본적인 수식

$v(t) = V_m \sin\omega t\,[V]$, $i(t) = I_m \sin(\omega t - \theta)$와 같이 표현한다.

이때,
- $v(t)$, $i(t)$: 순시값
- ω : 각주파수
- V_m, I_m : 최대값

② 각주파수(ω)

어느 시간동안 얼만큼의 각도가 이동했는지 나타내는 값으로, 한 주기(2π)가 1초동안 몇 회 반복됐는지 나타내는 값으로 표현하기도 한다.

$\omega = \dfrac{\theta}{t} = 2\pi f\,[rad/\sec]$

③ 위상의 표현 : $t=0$인 지점을 기준으로

㉠ 파형이 $t=0$에서 시작 할 경우 : $v(t) = V_m \sin\omega t$(이하 기본파라 지칭)

㉡ 위상이 기본파보다 θ만큼 뒤쳐질 경우 : $i(t) = I_m \sin(\omega t - \theta)$, 오른쪽으로 이동

㉢ 위상이 기본파보다 θ만큼 앞설 경우 : $i(t) = I_m \sin(\omega t + \theta)$, 왼쪽으로 이동

(2) 최대값, 실효값, 평균값

① 최대값 : 교류 파형이 가장 높게 나타날 때의 값으로 V_m, I_m과 같이 표현된다.

② 실효값 : 직류의 크기와 같은 일을 하는 교류의 크기를 나타낸 값으로 아래와 같이 표현된다.

$V = \sqrt{\dfrac{1}{T}\int_0^T v(t)^2 dt}$ 여기서, V : 실효값, T : 주기, $v(t)$: 전압의 순시값

③ 평균값 : 교류파형의 면적을 주기로 나눈 값으로 아래와 같이 표현된다.

$V_{avg} = V_a = \dfrac{1}{T}\int_0^T v(t)dt$

02 여러 파형의 파형률과 파고율

(1) 파형률, 파고율

① 파형률 : 파형의 평활도를 나타내는 값으로 '파형률 $= \dfrac{실효값}{평균값}$' 으로 표현된다.

② 파고율 : 파형의 날카로움을 나타내는 값으로 '파고율 $= \dfrac{최대값}{실효값}$' 으로 표현된다.

(2) 여러 파형들의 실효값, 평균값, 파형률, 파고율

파형의 종류	파형의 그림	실효값	평균값	파형률	파고율
정현파		$V = \dfrac{V_m}{\sqrt{2}}$	$V_a = \dfrac{2}{\pi}V_m$	1.11	$\sqrt{2}$
정현반파		$V = \dfrac{V_m}{2}$	$V_a = \dfrac{1}{\pi}V_m$	1.57	2
구형파		$V = V_m$	$V_a = V_m$	1	1
구형반파		$V = \dfrac{V_m}{\sqrt{2}}$	$V_a = \dfrac{1}{2}V_m$	1.414	$\sqrt{2}$

| 삼각파, 톱니파 | 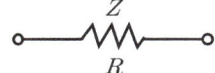 | $V = \dfrac{V_m}{\sqrt{3}}$ | $V_a = \dfrac{1}{2} V_m$ | 1.155 | $\sqrt{3}$ |

03 교류 소자(R, L, C)와 임피던스

(1) 임피던스, 저항, 리액턴스

① 임피던스 : 교류에서 전류의 흐름을 방해하는 전체 성분으로 Z로 표현한다.

② 저항 : 교류에서 전류의 흐름을 방해하는 유효한 성분으로 R로 표현한다.

③ 리액턴스 : 교류에서 전류의 흐름을 방해하는 무효한 성분으로 X로 표현한다.

(2) R만의 소자 : 전류와 전압의 위상이 같다.(동상)

임피던스 $Z = R\,[\Omega]$

(3) L만의 소자 : 전류가 전압보다 위상이 90° 느리다.(지상)

임피던스 $Z = \dfrac{jV}{I} = \dfrac{jIX_L}{I} = jX_L = j\omega L = j2\pi f L\,[\Omega]$ (유도성 리액턴스)

(4) C만의 소자 : 전류가 전압보다 위상이 90° 빠르다.(진상)

임피던스 $Z = \dfrac{V}{jI} = \dfrac{V}{j\dfrac{V}{X_C}} = -jX_C = -j\dfrac{1}{\omega C} = -j\dfrac{1}{2\pi f C}\,[\Omega]$ (용량성 리액턴스)

04 R-L-C회로

(1) R-L 직렬회로

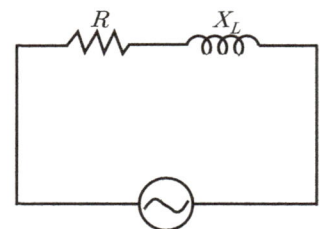

① 합성 임피던스와 크기 : $Z = R + jX_L = R + j\omega L\,[\Omega]$

② 임피던스의 크기 : $|Z| = \sqrt{R^2 + X_L^2} = \sqrt{R^2 + (\omega L)^2}\,[\Omega]$

③ 위상차 : $\tan\theta = \dfrac{X_L}{R} = \dfrac{\omega L}{R} \;\to\; \theta = \tan^{-1}\dfrac{X_L}{R} = \tan^{-1}\dfrac{\omega L}{R}$

④ 역률 : $\cos\theta = \dfrac{R}{Z} = \dfrac{R}{\sqrt{R^2 + X_L^2}} = \dfrac{R}{\sqrt{R^2 + (\omega L)^2}}$

⑤ R-L 직렬회로에선 전류가 전압보다 θ만큼 위상이 뒤진다.

(2) R-C 직렬회로

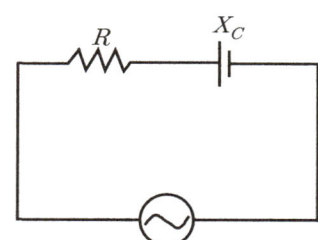

① 합성 임피던스 : $Z = R - jX_C = R - j\dfrac{1}{\omega C}\,[\Omega]$

② 임피던스의 크기 : $|Z| = \sqrt{R^2 + X_C^2} = \sqrt{R^2 + \left(\dfrac{1}{\omega C}\right)^2}\,[\Omega]$

③ 위상차 : $\tan\theta = \dfrac{X_L}{R} = \dfrac{1}{\omega CR} \;\to\; \theta = \tan^{-1}\dfrac{X_C}{R} = \tan^{-1}\dfrac{1}{\omega CR}$

④ 역률 : $\cos\theta = \dfrac{R}{Z} = \dfrac{R}{\sqrt{R^2 + X_C^2}} = \dfrac{R}{\sqrt{R^2 + \left(\dfrac{1}{\omega C}\right)^2}}$

⑤ R-C 직렬회로에선 전류가 전압보다 θ만큼 위상이 앞선다.

(3) R-L-C 직렬회로

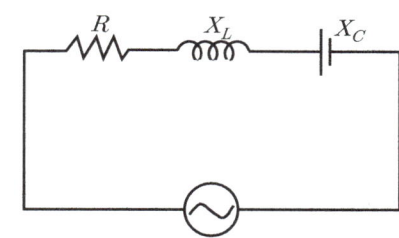

① 합성 임피던스 : $Z = R + j(X_L - X_C) = R + j\left(\omega L - \dfrac{1}{\omega C}\right) [\Omega]$

② 임피던스의 크기 : $|Z| = \sqrt{R^2 + (X_L - X_C)^2} = \sqrt{R^2 + \left(\omega L - \dfrac{1}{\omega C}\right)^2} [\Omega]$

③ 위상차 : $\tan\theta = \dfrac{X_L - X_C}{R} \rightarrow \theta = \tan^{-1}\dfrac{X_L - X_C}{R}$

④ 역률 : $\cos\theta = \dfrac{R}{Z} = \dfrac{R}{\sqrt{R^2 + (X_L - X_C)^2}} = \dfrac{R}{\sqrt{R^2 + \left(\omega L - \dfrac{1}{\omega C}\right)^2}}$

05 공진회로

(1) **공진의 조건** : 리액턴스가 0이 되어야 한다.

$$X_L - X_C = \omega L - \dfrac{1}{\omega C} = 0 \rightarrow \omega L = \dfrac{1}{\omega C}$$

$$\omega^2 = (2\pi f)^2 = 4\pi^2 f^2 = \dfrac{1}{LC} \rightarrow f^2 = \dfrac{1}{4\pi^2 LC}$$

∴ 공진주파수 $f = \dfrac{1}{2\pi\sqrt{LC}}$

(2) **n고조파의 공진주파수** : $f_n = \dfrac{1}{2\pi n\sqrt{LC}} [Hz]$

06 휘스톤 브릿지

브릿지 평형조건(검류계로 들어가는 전류 i가 0인 상태) : $Z_1 Z_4 = Z_3 Z_2$

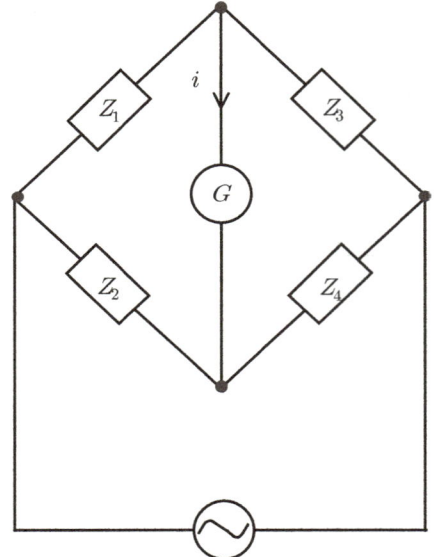

07 교류전력

(1) 피상전력

① 겉으로 보이는 전력
② 임피던스에서 소비하는 전력이 된다.
③ $P_a = VI [VA]$

(2) 유효전력

① 실제로 유효하게 사용되는 전력
② 저항에서 소비하는 전력이 된다.
③ $P = P_a \cos\theta = VI\cos\theta [W]$

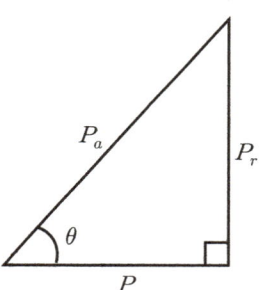

(3) 무효전력

① 실제로 사용되지 못 하는 전력
② 리액턴스에서 소비하는 전력이 된다.
③ $P_r = P_a \sin\theta = VI\sin\theta [Var]$

(4) 역률

① 얼만큼 전력을 유효하게 공급할 수 있는지 알려주는 정도로 피상전력과 유효전력의 비다.
② $\cos\theta = \dfrac{P}{P_a}$

(5) 무효율

① 얼만큼 전력을 못 쓰는지 알려주는 정도로 피상전력과 무효전력의 비다.

② $\sin\theta = \dfrac{P_r}{P_a} = \sqrt{1-\cos^2\theta}$

08 대칭 3상 교류

(1) 3상 평형조건

① 각 상의 전압의 크기가 모두 같아야 한다.
② 각 상의 위상차가 서로 120°가 되어야 한다.
③ 각 상의 주파수가 모두 같아야 한다.

(2) 3상 결선법 – Y결선

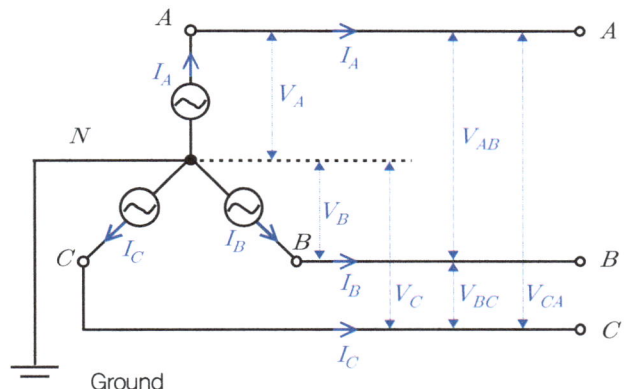

① 선간전압 $V_l(V_{AB},\ V_{BC},\ V_{CA})$이 상전압 $V_p(V_A,\ V_B,\ V_C)$보다 $\sqrt{3}$배 더 크다.
② 선간전압은 상전압보다 위상이 30° 앞선다.
③ 이를 수식으로 표현 시 $V_l = \sqrt{3}\,V_p \angle \dfrac{\pi}{3}$로 나타낸다.
④ 선전류 $I_l(I_A,\ I_B,\ I_C)$은 상전류 $I_p(I_A,\ I_B,\ I_C)$와 같다. ($I_l = I_p$)
⑤ 중성점을 접지할 수 있어 지락사고 시 보호계전기 동작을 확실히 할 수 있다.
⑥ 지락사고 시 선로의 제3고조파 전류로 인해 통신선에 유도장해가 발생할 수 있다.
⑦ V_l과 V_p가 $\sqrt{3}$배 차이로 부하에 두 종류의 전압을 사용할 수 있다.

※ 상전압(V_p) : 상에서 만들어지거나 상에 걸리는 전압
  선간전압(V_l) : 상으로부터 나오는 선 사이에 걸리는 전압
  상전류(I_p) : 상에서 만들어져서 나오거나 상으로 들어오는 전류
  선전류(I_l) : 상으로부터 나오는 선에 흐르는 전류

(3) 3상 결선법 - △결선

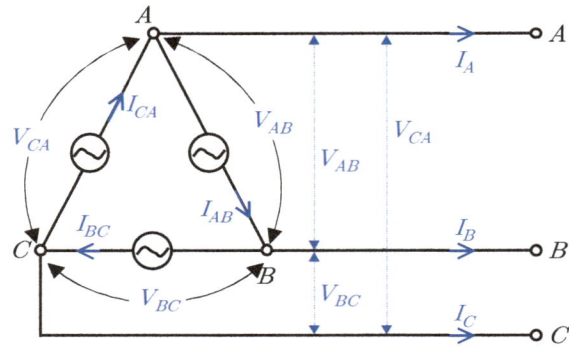

① 선전류 $I_l(I_{AB},\ I_{BC},\ I_{CA})$이 상전류 $I_p(I_A,\ I_B,\ I_C)$보다 $\sqrt{3}$배 더 크다.
② 선전류는 상전류보다 위상이 30° 뒤진다.
③ 이를 수식으로 표현 시 $I_l = \sqrt{3}\,I_p \angle -\dfrac{\pi}{3}$로 나타낸다.
④ 선간전압 $V_l(V_A,\ V_B,\ V_C)$과 상전압 $V_p(V_A,\ V_B,\ V_C)$는 같다. ($V_l = V_p$)
⑤ 제3고조파 전류가 △결선 내부를 순환하기 때문에 유도장해가 발생하지 않는다.
⑥ 중성점을 접지하지 못해 지락사고를 검출하기 어렵다.
⑦ 변압기 한 상이 결상이 될 경우 V결선으로 만들어 3상 부하에 전력을 공급할 수 있다.

(4) V결선
① 2대의 변압기를 이용해서 3상 전력을 공급할 수 있는 결선방법이다.
② 주로 △결선으로 운용하던 변압기중 한 상이 고장날 경우 사용한다.
③ 변압기 한 상의 출력이 P_1이라 할 경우 V결선의 출력 $P_V = \sqrt{3}\,P_1$
④ V결선의 이용률 : $\dfrac{P_V}{2P_1} = \dfrac{\sqrt{3}\,P_1}{2P_1} = \dfrac{\sqrt{3}}{2} \times 100 = 86.6[\%]\ \ 86.6\%$
⑤ V결선의 출력비 : $\dfrac{P_V}{3P_1} = \dfrac{\sqrt{3}\,P_1}{3P_1} = \dfrac{\sqrt{3}}{3} \times 100 = 57.7[\%]\,57.7\%$

(5) 3상 교류의 전력
① 상전압, 상전류를 기준으로 할 때
  ㉠ 피상전력 : $P_3 = 3P_n = 3\,V_p I_p\,[VA]$
  ㉡ 유효전력 : $P_3 = 3\,V_p I_p \cos\theta\,[W]$
  ㉢ 무효전력 $P_3 = 3\,V_p I_p \sin\theta\,[Var]$
② 선간전압, 선간전류를 기준으로 할 때
  ㉠ 피상전력 : $P_3 = 3P_n = \sqrt{3}\,V_l I_l\,[VA]$

ⓒ 유효전력 : $P_3 = \sqrt{3}\, V_l I_l \cos\theta\,[W]$

　　ⓒ 무효전력 $P_3 = \sqrt{3}\, V_l I_l \sin\theta\,[Var]$

09 비정현파 교류

(1) 비정현파는 직류분과 기본파, 그리고 고조파들의 합으로 이뤄진 파형으로 정현파를 제외한 모든 파형을 통틀어 말한다.

(2) $V = V_0 + V_1 + V_2 + ... + V_n = V_0 + V_{m1}\sin\omega t + V_{m2}\sin 2\omega t + ... + V_{mn}\sin n\omega t$

　　여기서, V_0 : 직류분, V_1 : 기본파, $V_2 \sim V_n$: 고조파

(3) n고조파란 기본 주파수의 n배의 주파수를 가지는 파형을 의미한다.

(4) **비정현파의 실효값** : 각 실효값의 제곱의 합의 제곱근

$$V = \sqrt{V_0^2 + V_1^2 + V_2^2 + ... + V_n^2} = \sqrt{V_0^2 + \left(\frac{V_{m1}}{\sqrt{2}}\right)^2 + \left(\frac{V_{m2}}{\sqrt{2}}\right)^2 + ... + \left(\frac{V_{nm}}{\sqrt{2}}\right)^2}$$

(5) **비정현파의 최대값** : 각 최대값의 제곱의 합의 제곱근

$$V_m = \sqrt{V_0^2 + V_{m1}^2 + V_{m2}^2 + ... + V_{mn}^2}$$

CHAPTER 04 교류회로

01 정현파 전압의 평균값이 $150[V]$이면 최댓값은 약 몇 $[V]$인가?
  ① 235.6
  ② 212.1
  ③ 106.1
  ④ 95.5

정답 ①
해설 • 정현파 교류

실효값	평균값	최대값
$V = \dfrac{V_m}{\sqrt{2}}$	$V_{av} = \dfrac{2}{\pi} V_m$	$V_m = V_{av} \times \dfrac{\pi}{2}$

$\therefore V_m = 150 \times \dfrac{\pi}{2} = 75\pi = 235.6[V]$

02 삼각파의 파형률 및 파고율은?
  ① 1.0, 1.0
  ② 1.04, 1.226
  ③ 1.11, 1.414
  ④ 1.155, 1.732

정답 ④
해설 • 파형률, 파고율

$\therefore$ 파형률 $= \dfrac{\text{실효값}}{\text{평균값}} = \dfrac{\dfrac{V_m}{\sqrt{3}}}{\dfrac{V_m}{2}} = \dfrac{2}{\sqrt{3}} = 1.155$

$\therefore$ 파고율 $= \dfrac{\text{최대값}}{\text{실효값}} = \dfrac{V_m}{\dfrac{V_m}{\sqrt{3}}} = \sqrt{3} = 1.732$

03 $R = 10[\Omega]$, $C = 33[\mu F]$, $L = 20[mH]$인 R-L-C 직렬회로의 공진주파수는 약 몇 $[Hz]$인가?
  ① 169
  ② 176
  ③ 196
  ④ 206

정답 ③

해설 • 공진주파수

$$f_r = \frac{1}{2\pi\sqrt{LC}}$$

$$\therefore f_r = \frac{1}{2\pi\sqrt{20\times10^{-3}\times33\times10^{-6}}} = 195.9 ≒ 196[Hz]$$

04 R-L-C 직렬공진회로에서 제 n 고조파의 공진주파수(f_n)는?

① $\dfrac{1}{2\pi n\sqrt{LC}}$

② $\dfrac{1}{\pi n\sqrt{LC}}$

③ $\dfrac{1}{2\pi\sqrt{nLC}}$

④ $\dfrac{n}{2\pi\sqrt{LC}}$

정답 ①

해설 • n고조파의 공진주파수

유도성 리액턴스	용량성 리액턴스
$X_L = n\omega L = 2\pi(nf)L$	$X_C = \dfrac{1}{n\omega C} = \dfrac{1}{2\pi(nf)C}$

공진의 조건은 두 개의 리액턴스가 같아지는 것이다.

$$2\pi nfL = \frac{1}{2\pi nfC}$$

$$\therefore f = \frac{1}{2\pi n\sqrt{LC}}$$

05 인덕턴스가 $0.5[H]$인 코일의 리액턴스가 $753.6[\Omega]$ Ω일 때 주파수는 약 몇 $[Hz]$인가?

① 120

② 240

③ 360

④ 480

정답 ②

해설 • 유도성 리액턴스

$X_L = \omega L = 2\pi fL$

$$\therefore f = \frac{X_L}{2\pi L} = \frac{753.6}{2\pi\times 0.5} = 239.9 ≒ 240[Hz]$$

06 $10[\mu F]$인 콘덴서를 $60[Hz]$ 전원에 사용할 때 용량 리액턴스는 약 몇 $[\Omega]$인가?

① 250.5　　　　　　　② 265.3
③ 350.5　　　　　　　④ 465.3

정답 ②

해설 ● 용량성 리액턴스

$$X_C = \frac{1}{\omega C} = \frac{1}{2\pi f C}$$

$$\therefore X_C = \frac{1}{2\pi \times 60 \times 10 \times 10^{-6}} = 265.25 ≒ 265.3[\Omega]$$

---

07 저항 $6[\Omega]$과 유도리액턴스 $8[\Omega]$이 직렬로 접속된 회로에 $100[V]$의 교류전압을 가할 때 흐르는 전류의 크기는 몇 $[A]$인가?

① 10　　　　　　　② 20
③ 50　　　　　　　④ 80

정답 ①

해설 ● R-L 직렬회로 전류

$$I = \frac{V}{Z}[A]$$

● 임피던스

$$Z = R + jX_L = R + j\omega L$$
$$= 6 + j8 = \sqrt{6^2 + 8^2} = 10[\Omega]$$

$$\therefore I = \frac{100}{10} = 10[A]$$

---

08 한 상의 임피던스가 $Z = 16 + j12[\Omega]$인 Y결선 부하에 대칭 3상 선간전압 $380[V]$를 가할 때 유효전력은 약 몇 $[kW]$인가?

① 5.8　　　　　　　② 7.2
③ 17.3　　　　　　　④ 21.6

정답 ①

해설 ● 3상 유도전동기 유효전력

$$P_3 = \sqrt{3}\,V_l I_l \cos\theta\,[W]$$

- Y결선

$$V_l = \sqrt{3}\,V_p,\ I_l = I_p$$

$$I_l = \frac{V_p}{Z} = \frac{\frac{V_l}{\sqrt{3}}}{Z} = \frac{V_l}{\sqrt{3}\,Z} = \frac{380}{\sqrt{3} \times \sqrt{16^2 + 12^2}} = 10.97$$

- 역률

$$\cos\theta = \frac{R}{Z} = \frac{16}{\sqrt{16^2 + 12^2}} = 0.8$$

$$\therefore P_y = \sqrt{3} \times 380 \times 10.97 \times 0.8 = 5776[W] = 5.8[kw]$$

09 대칭 3상 Y부하에서 각 상의 임피던스는 $20[\Omega]$이고, 부하 전류가 $8[A]$일 때 부하의 선간전압은 약 몇 $[V]$ 인가?

① 160 ② 226
③ 277 ④ 480

 ③

 • 선간전압
$$V_l = \sqrt{3}\,V_p [V]$$
- 부하에 걸리는 상전압
$$V_p = I_p Z = 8 \times 20 = 160[V]$$
$$\therefore V_l = \sqrt{3}\,V_p = 160 \times \sqrt{3} \fallingdotseq 277[V]$$

10 역률 $80[\%]$, 유효전력 $80[kW]$일 때, 무효전력 $[kVar]$은?

① 10 ② 16
③ 60 ④ 64

 ③

• 무효전력
$$P_r = P_a \sin\theta$$
- 피상전력
$$P_a = \frac{P}{\cos\theta} = \frac{80}{0.8} = 100[kVA]$$
- 무효율
$$\sin\theta = \sqrt{1 - \cos^2\theta} = \sqrt{1 - 0.8^2} = 0.6$$
$$\therefore P_r = P_a \sin\theta = 100 \times 0.6 = 60[kVar]$$

11 그림과 같은 R-L직렬회로에서 소비되는 전력은 몇 [W]인가?

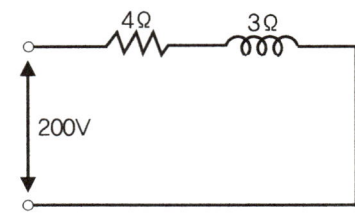

① 6400
② 8800
③ 10000
④ 12000

정답 ①

해설 • 소비전력
$$P = VI = I^2 R$$
• R-L 직렬회로의 전류
$$I = \frac{V}{Z} = \frac{200}{\sqrt{4^2 + 3^2}} = \frac{200}{5} = 40[A]$$
$$\therefore P = I^2 R = 40^2 \times 4 = 6400[W]$$

PART 02
전기기기 및 계측기

CHAPTER 01 직류기와 동기기
CHAPTER 02 유도기
CHAPTER 03 변압기
CHAPTER 04 정류기 및 전자회로
CHAPTER 05 계측기

CHAPTER 01 직류기와 동기기

01 직류기의 3대 요소

(1) **계자** : 자속을 생성

(2) **전기자** : 자속을 끊어 기전력을 유도함

(3) **정류자** : 전기자에서 나온 교류 기전력을 직류로 변환

02 직류기의 전기자권선법

(1) 고상권, 폐로권, 이층권, 중권, 파권을 사용한다.

(2) 중권과 파권의 비교

	병렬회로수(a)	브러시수(b)	용도	균압환 필요
중권(병렬권)	$a = p$	$b = p$	저전압 대전류	필요함
파권(직렬권)	$a = 2$	$b = 2$	고전압 소전류	불필요함

※ 여기서, p : 계자극수

03 전기자반작용

(1) **정의** : 전기자에서 나오는 자속이 계자자속(주자속)에 영향을 끼치는 현상

(2) **현상**
 ① 전기적 중성축이 틀어짐(발전기 : 회전방향, 전동기 : 회전방향의 반대방향)
 ② 주자속의 감소
 ③ 브러시에서 불꽃발생
 ④ 정류불량

(3) **방지책**
 ① 브러시를 중성축이 틀어진 방향으로 이동
 ② 보극설치
 ③ 보상권선 설치

04 직류발전기의 유기기전력

(1) 타여자, 분권발전기 기본식 : $E = \dfrac{pz}{60a}\phi N = k\phi N = V + I_a r_a\,[V]$

여기서,
- E : 유기기전력
- z : 전기자 총 도체수
- ϕ : 자속
- k : 기계상수
- I_a : 전기자전류
- p : 극수,
- a : 병렬회로수
- N : 회전속도[rpm],
- V : 단자전압(=부하전압, 정격전압)
- r_a : 전기자 내부저항

(2) 직권 발전기 기본식 : $E = \dfrac{pz}{60a}\phi N = k\phi N = V + I_a(r_a + r_f)\,[V]$

여기서, • r_f : 계자저항

05 직류발전기의 병렬운전조건

(1) 극성이 같을 것

(2) 단자전압이 같을 것

(3) 외부특성곡선이 수하특성일 것

06 직류전동기의 속도, 전기자전류, 토크의 관계

(1) 타여자 전동기, 분권 전동기 : $T \propto I_a \propto \dfrac{1}{N}$

(2) 직권전동기 : $T \propto I_a^2 \propto \dfrac{1}{N^2}$

※ 직권전동기의 경우 적은 전류로도 큰 기동토크를 낼 수 있어 크레인, 전철같은 곳에 사용된다.

07 직류전동기의 역기전력

(1) 정의 : 전동기가 회전하면서 본의 아니게 전기자에서 만들게 되는 기전력

(2) 수식 : $E = \dfrac{pz}{60a}\phi N = k\phi N = V - I_a r_a\,[V]$

08 직류전동기의 속도제어법과 제동법

(1) 속도제어법 : $N = k' \dfrac{V - I_a r_a}{\phi} [rpm]$ 이므로, ϕ, V, r_a를 제어해서 속도를 제어한다.

① 계자제어법
  ϕ를 조종하는 제어법으로 정출력 제어라고도 한다.
② 전압제어법
  V를 조종하는 방법으로 정토크 제어라고도 하며, 워드-레오너드방식과 일그너방식 등이 있다.
③ 저항제어법
  r_a를 조종하는 방법이나 가장 효율이 떨어지는 방법이다.

(2) 제동법

① 발전제동
  전동기를 발전기로 동작시켜 발생된 전력을 열로 소비하여 제동하는 방법이다.
② 회생제동
  전동기를 발전기로 동작시켜 발생하는 전력을 전원으로 변환함으로써 제동하는 방법이다.
③ 역상제동
  전기자의 결선을 바꾸어 역 방향의 토크를 발생하여 급 제동하는 방법이다.

09 동기발전기의 병렬운전조건

(1) 기전력의 크기가 동일할 것 - 다를 시 무효순환전류 발생
(2) 기전력의 위상이 동일할 것 - 다를 시 유효순환전류(=동기화전류) 발생
(3) 기전력의 주파수가 동일할 것 - 난조발생(제동권선으로 방지 가능)
(4) 기전력의 파형이 동일할 것 - 고조파 무효순환전류 발생

10 동기전동기의 특성

(1) 정속도 특성을 지님
(2) 속도가 잘 안 바뀌나 반대로 속도변환이 어렵기도 함
(3) 자기 스스로 기동하기 어려움 - 대응책 : 제동권선 설치
(4) 역률을 원하는대로 조정할 수 있음

11 동기전동기의 위상특성곡선(V곡선)

(1) **곡선이 최저점을 찍는 지점** : 역률이 1

(2) **역률이 1인 지점에서 계자전류 감소** : 부족여자(리액터로 작용하며 지상역률공급)

(3) **역률이 1인 지점에서 계자전류 증가** : 과여자(콘덴서로 작용하며 진상역률공급)

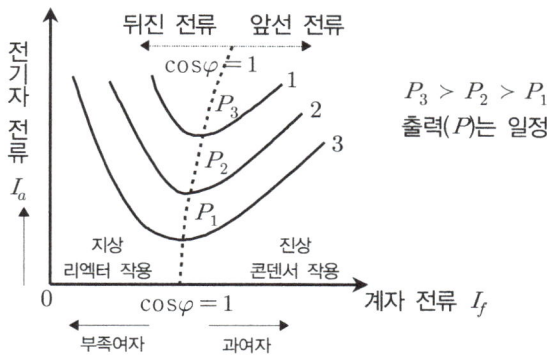

12 규약효율과 손실

(1) **발전기의 규약효율(=변압기의 규약효율)**

$$\eta_G = \frac{출력}{입력} = \frac{출력}{출력+손실} \times 100[\%]$$

(2) **전동기의 규약효율**

$$\eta_M = \frac{출력}{입력} = \frac{입력-손실}{입력} \times 100[\%]$$

(3) **손실의 종류**

① 부하손 : 동손, 표유부하손

② 무부하손 : 철손(=히스테리시스손+와류손), 풍손, 기계손, 마찰손 등등

구분	내용
동손(구리손실)	권선의 저항(구리)에 의해 생기는 손실
표유부하손	변압기 권선에서 누설자속에 의해 철심 외함 볼트 등에서 발생하는 손실
철손	시간적 변화로 인한 자기화력 때문에 열이 발생하여 생기는 손실

(4) **최대효율조건** : 부하손과 무부하손이 같으면 됨(≒철손과 동손이 같아야 한다.)

CHAPTER 01 직류기와 동기기

01 다음 중 직류전동기의 제동법이 <u>아닌</u> 것은?
① 회생제동 ② 정상제동
③ 발전제동 ④ 역전제동

- 제동법
  ① 발전제동 : 전동기를 발전기로 동작시켜 발생된 전력을 열로 소비하여 제동하는 방법
  ② 회생제동 : 전동기를 발전기로 동작시켜 발생하는 전력을 전원으로 변환함으로써 제동하는 방법
  ③ 역상제동 : 전기자의 결선을 바꾸어 역 방향의 토크를 발생하여 급 제동하는 방법

02 전기기기에서 생기는 손실 중 권선의 저항에 의하여 생기는 손실은?
① 철손 ② 동손
③ 포유부하손 ④ 히스테리시스손

- 손실의 종류
  ① 동손(구리손실) : 권선의 저항(구리)에 의해 생기는 손실
  ② 표유부하손 : 변압기 권선에서 누설자속에 의해 철심 외함 볼트 등에서 발생하는 손실
  ③ 철손(히스테리시스손+와류손) : 시간적 변화로 인한 자기화력 때문에 열이 발생하여 생기는 손실

CHAPTER 02 유도기

01 유도전동기의 원리와 슬립

(1) 유도전동기의 원리 : 회전자계
   ① 전기자권선에서 3상 교류전류를 흘려주면 회전자기장(회전자계)이 발생
   ② 회전자가 회전자계에 의해 회전자계의 방향을 따라 회전하게 됨
   ③ 이때 회전자의 회전속도(N)는 회전자계의 속도(N_s)를 넘어갈 수 없음
   ④ 그만큼 회전자의 속도와 회전자계의 속도의 차가 발생하게 됨.
   ⑤ 이 차와 회전자계의 속도 사이의 비를 슬립(s)이라 함.

(2) 슬립 : 유도전동기의 회전자 속도와 회전자계 속도 사이의 비

$$s = \frac{N_s - N}{N_s} = 1 - \frac{N}{N_s}$$

02 유도전동기의 전력변환

(1) 전력과 슬립의 관계
   ① 2차측 입력을 P_2, 2차측 동손을 P_{c2}, 2차측 출력을 P_0이라고 할 때 이와 슬립의 관계
   $P_2 : P_{c2} : P_0 = 1 : s : 1-s$ 이를 기반으로 아래와 같은 관계가 나오게 된다.
   ② $P_2 : P_{c2} = 1 : s \rightarrow P_{c2} = sP_2$
   ③ $P_2 : P_0 = 1 : 1-s \rightarrow P_0 = P_2(1-s)$
   ④ $P_{c2} : P_0 = s : 1-s \rightarrow P_0 = \frac{1-s}{s}P_{c2}$

(2) 유도전동기의 2차측 효율

$$효율\ \eta_2 = \frac{출력}{입력} = \frac{P_0}{P_2} = \frac{P_2(1-s)}{P_2} = 1-s = 1-(1-\frac{N}{N_s}) = \frac{N}{N_s}$$

$$\therefore \eta_2 = \frac{P_0}{P_2} = 1-s = \frac{N}{N_s} \times 100[\%]$$

03 유도전동기의 기동법

(1) 농형유도전동기
   ① 전전압기동법 : 기동전류가 정격전류의 5~7배
   ② Y-△기동법 : 기동전류, 기동토크가 $\frac{1}{3}$배만큼 감소

③ 리액터기동법
④ 기동보상기법
⑤ 콘돌파기법

(2) 권선형 유도전동기 : 2차 저항 기동법(=기동저항기동법)

04 비례추이

(1) **권선형 유도전동기 기동법의 원리**

(2) **특징**
① 최대토크는 항상 일정
② 2차저항을 증가시키면 기동토크 증대
③ 2차저항을 증가시키면 기동전류 감소

05 유도전동기의 속도제어

(1) **권선형 유도전동기** : 2차 저항제어, 2차 여자법

(2) **농형 유도전동기** : 주파수 제어법, 극수 제어법, 전압 제어법

06 유도전동기의 제동법

(1) **발전제동**

(2) **역상제동**

(3) **회생제동**

(4) **단상제동**

07 단상유도전동기

(1) **기동토크가 큰 순서**

반발기동형 〉 반발유도형 〉 콘덴서기동형 〉 분상기동형 〉 셰이딩코일형 〉 모노싸이클릭형

08 유도전동기의 출력

(1) **일반적인 3상 유도전동기 출력식**

$P = \sqrt{3}\,VI\cos\theta\,[W]$

(2) 펌프용 전동기의 출력식

$$P = \frac{9.8HQK}{\eta} = \frac{0.163HQ'K}{\eta}[kW]$$

이때,
- H : 전양정$[m]$
- K : 전달계수
- Q : 양수량$[m^3/s]$
- Q' : 양수량$[m^3/\min]$

CHAPTER 02 유도기

01 단상 유도전동기의 Slip은 5.5[%], 회전자의 속도가 1700rpm인 경우 동기속도(NS)는?

① 3090rpm ② 9350rpm
③ 1799rpm ④ 1750rpm

정답 ③

해설 ● 슬립

$$s = \frac{\text{동기속도} - \text{회전자속도}}{\text{동기속도}} = \frac{N_s - N}{N_s} = 1 - \frac{N}{N_s}$$

$$\therefore N_s = \frac{N}{1-s} = \frac{1700}{1 - 0.0055} = 1799[rpm]$$

02 다음 단상 유도전동기 중 기동토크가 가장 큰 것은?

① 셰이딩 코일형 ② 콘덴서 기동형
③ 분상 기동형 ④ 반발 기동형

정답 ④

해설 ● 기동토크가 큰 순서
반발기동형 〉 반발유도형 〉 콘덴서기동형 〉 분상기동형 〉 셰이딩코일형 〉 모노싸이클릭형

03 3상 유도전동기를 Y결선으로 기동할 때 전류의 크기(|IY|)와 △결선으로 기동할 때 전류의 크기(|I△|)의 관계로 옳은 것은?

① $|I_Y| = \frac{1}{3}|I_\Delta|$ ② $|I_Y| = \sqrt{3}|I_\Delta|$

③ $|I_Y| = \frac{1}{\sqrt{3}}|I_\Delta|$ ④ $|I_Y| = \frac{\sqrt{3}}{2}|I_\Delta|$

정답 ①

해설 Y-△운전 시 Y델타의 기동전류는 정격전류의 $\frac{1}{3}$배가 적용

04 3상 농형 유도전동기의 기동법이 <u>아닌</u> 것은?
① Y-△ 기동법 ② 기동 보상기법
③ 2차 저항 기동법 ④ 리액터 기동법

정답 ③
해설 • 유도전동기의 기동법

구분	내용
농형 유도전동기	① 전전압기동법 : 기동전류가 정격전류의 5~7배 ② Y-△기동법 : 기동전류, 기동토크가 $\frac{1}{3}$ 배만큼 감소 ③ 리액터기동법 ④ 기동보상기법 ⑤ 콘돌파기법
권선형 유도전동기	2차 저항 기동법(=기동저항기동법)

05 3상 유도 전동기의 출력이 25HP, 전압이 220V, 효율이 85%, 역률이 85%일 때, 이 전동기로 흐르는 전류는 약 몇 A 인가? (단, 1HP=0.746kW)
① 40 ② 45
③ 68 ④ 70

정답 ③
해설 • 3상 유도전동기의 출력
$P = \sqrt{3}\, VI\cos\theta\,\eta$
$\therefore I = \dfrac{P}{\sqrt{3}\, V\cos\theta\,\eta} = \dfrac{25 \times 0.746 \times 10^3}{\sqrt{3} \times 220 \times 0.85 \times 0.85} \fallingdotseq 68[A]$

CHAPTER 03 변압기

01 변압기의 원리 및 이론

(1) **원리** : 패러데이의 전자유도법칙

$$e = -N\frac{d\phi}{dt} = -L\frac{di}{dt} \rightarrow \therefore N\phi = Li$$

(2) **코일의 인덕턴스** : 코일의 자체인덕턴스는 권수비의 제곱에 비례한다.

$$L = \frac{N\phi}{i} = \frac{N}{i} \times \frac{F}{R_m} = \frac{N}{i} \times \frac{Ni}{\frac{\ell}{\mu S}} = \frac{\mu S N^2}{\ell}[H] \rightarrow \therefore L \propto N^2$$

(3) **변압기의 유도기전력의 크기와 권수비**

① 유도기전력의 크기 $E = \frac{E_m}{\sqrt{2}} = \frac{2\pi f N \phi_m}{\sqrt{2}} = 4.44 f N \phi_m [V]$

  (여기서, A : 철심의 단면적, B_m : 최대자속밀도)

② 권수비 $a = \frac{N_1}{N_2} = \frac{E_1}{E_2} = \frac{V_1}{V_2} = \frac{I_2}{I_1} = \sqrt{\frac{Z_1}{Z_2}}$

02 변압기유 구비조건 및 절연물의 종별 허용온도

(1) **변압기유 구비조건**

  ① 절연내력이 클 것
  ② 점도가 작고 유동성이 풍부할 것
  ③ 비열이 클 것(※비열 : 기름 1g이 1℃ 오르는데 필요한 열량)
  ④ 인화점이 높고 응고점이 낮을 것
  ⑤ 화학적 반응을 하지 않을 것

(2) **절연물의 종별 허용온도**

종	Y	A	E	B	F	H	C
허용온도(℃)	90	105	120	130	155	180	180 초과

03 임피던스 전압과 전압변동률

(1) **임피던스전압** : 변압기 1차측에 정격전류가 흐를 때 2차측 임피던스에 걸리는 전압강하

(2) 백분율전압강하

① 퍼센트 저항강하(%$r = p$) : 변압기 저항에 걸리는 전압강하의 비율
② 퍼센트 리액턴스강하(%$x = q$) : 변압기 리액턴스에 걸리는 전압강하의 비율
③ 퍼센트 임피던스강하(%Z) : 변압기 임피던스에 걸리는 전압강하의 비율

$$\%Z = \sqrt{\%r^2 + \%x^2} = \sqrt{p^2 + q^2} = \frac{1}{K_s} = \frac{I_n}{I_s}$$

(3) 전압변동률

① $\varepsilon = \dfrac{V_0 - V_n}{V_n} \times 100 [\%]$

② $\varepsilon = p\cos\theta \pm q\sin\theta$, 여기서 역률이 지상일 경우 (+), 진상일 경우 (−)

(4) 임피던스전압을 구하기위한 측정시험 : 단락시험(구속시험)

04 3상 변압기의 결선방식

(1) $Y-Y$ 결선

① 두 종류의 전압 사용가능($V_l = \sqrt{3}\,V_p$)
② 중성점 접지를 통해 지락사고 발생 시 보호계전기가 확실하게 동작 할 수 있음
③ 지락사고발생시 제3고조파전류로 인해 통신선에 유도장해 발생

(2) $\Delta-\Delta$ 결선

① 제3고조파전류가 Δ결선 내부를 순환하며 없어지므로 유도장해가 없음
② 한 상이 결상이 날 경우 $V-V$결선으로 3상전력을 공급 할 수 있음
③ 중성점 접지를 하지 못해 지락사고 발생 시 사고위치 검출이 곤란함

(3) $V-V$ 결선

① 변압기 2대로 3상 전력을 공급할 수 있음
② 변압기 1대의 용량이 P_n이라 할 경우 V결선의 출력 $P_V = \sqrt{3}\,P_n$
③ V결선의 이용률 : $\dfrac{P_V}{2P_1} = \dfrac{\sqrt{3}\,P_1}{2P_1} = 86.6[\%]$
④ V결선의 출력비 : $\dfrac{P_V}{3P_1} = \dfrac{\sqrt{3}\,P_1}{3P_1} = 57.7[\%]$

05 변압기 보호계전기

(1) **기계적 보호** : 부흐홀츠계전기
(2) **전기적 보호** : 비율차동계전기

06 특수변압기

(1) 계기용변압기(PT)
① 고전압을 저전압으로 변성하여 계기(전압계)에 전력을 공급하는 용도로 사용
② 2차측 정격전압 : 110[V]
③ 2차측은 대전류가 흐르기 때문에 단락시켜선 안 되며 개방시켜 놔야한다.

(2) 변류기(CT)
① 대전류를 소전류로 변성하여 계기(전류계)에 전력을 공급하는 용도로 사용
② 2차측 정격전류 : 5[A]
③ 2차측은 고전압이 유도되기 때문에 개방시켜선 안 되며 단락시켜 놔야한다.

(3) 영상변류기(ZCT)
영상전류, 누설전류를 측정하기 위해 사용하는 변압기

(4) 접지형 계기용변압기(GPT)
영상전압을 측정하기 위해 사용하는 변압기

CHAPTER 03 변압기

01 1차 권선수 10회, 2차 권선수 300회인 변압기에서 2차 단자전압 1500V가 유도되기 위한 1차 단자전압은 몇 V 인가?

① 30   ② 50
③ 120 ④ 150

정답 ②
해설 ● 권수비

$$a = \frac{N_1}{N_2} = \frac{V_1}{V_2}$$

$$\therefore V_1 = \frac{N_1}{N_2} \times V_2 = \frac{10}{300} \times 1500 = 50[V]$$

02 변압기의 임피던스 전압을 구하기 위하여 행하는 시험은?

① 단락시험   ② 유도저항시험
③ 무부하 통전시험 ④ 무극성시험

정답 ①
해설 ● 단락시험(=구속시험)
변압기의 임피던스 전압을 구하기 위해선 단락시험(=구속시험)을 해야한다. 변압기 2차측을 단락하고 1차측 단락전류가 정격전류가 될 때 1차측의 전압값을 임피던스 전압이라고 한다.

03 변압기의 내부 보호에 사용되는 계전기는?

① 비율 차동 계전기   ② 부족 전압 계전기
③ 역전류 계전기   ④ 온도 계전기

정답 ①
해설 ● 변압기 보호계전기
① 기계적 보호 : 부흐홀츠계전기
② 전기적 보호 : 비율차동계전기

04 단상변압기 3대를 △결선하여 부하에 전력을 공급하고 있는 중 변압기 1대가 고장 나서 V결선으로 바꾼 경우에 고장 전과 비교하여 몇 % 출력을 낼 수 있는가?

① 50
② 57.7
③ 70.7
④ 86.6

정답 ②

해설 • 출력비

$$\frac{V결선시 출력}{\triangle결선시 출력} = \frac{P_V}{3P_1}$$

$$\therefore \frac{P_V}{3P_1} = \frac{\sqrt{3}P_1}{3P_1} = \frac{\sqrt{3}}{3} \times 100 = 57.7[\%]$$

CHAPTER 04 정류기 및 전자회로

01 P형 반도체, N형 반도체

(1) 진성반도체

실리콘과 같은 14족 원소만으로 이뤄진 반도체로 인접한 원자끼리 전자를 공유결합 한다.

(2) P형반도체

① 진성반도체에 불순물로 13족 원소(붕소, 알루미늄 등등)를 도핑 한 반도체로 캐리어(주반송자)는 정공(억셉터)가 된다.

② 억셉터 : P형 반도체를 만드는 불순물

(3) N형 반도체

① 진성반도체에 불순물로 15족 원소(인, 비소 등등)를 도핑 한 반도체로 캐리어(주반송자)는 전자(도너)가 된다.

② 도너 : N형 반도체를 만드는 불순물

02 실리콘 제어 정류기(Silicon Controlled Rectifier ; SCR)

(1) 정의

역저지 3단자 사이리스터의 일종으로 흔히 사이리스터, SCR이라 지칭한다.

(2) 심벌

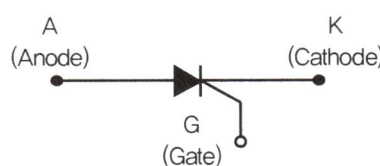

(3) 특징

① PNPN접합 반도체로 게이트가 P형 반도체에 위치해있다.

② 애노드에서 캐소드방향으로 전류가 흐르는 단방향성 3단자 소자이다.

③ 애노드에서 캐소드로 전압을 인가해도 도통이 되지 않으며 이 상태에서 게이트에 전류를 흘려줘야 도통이 된다.

④ 도통된 이후로 게이트의 전류를 차단해도 도통이 계속해서 유지된다.
(=게이트로 전류를 차단하지 못함)

⑤ 도통을 차단하기 위해선 유지전류 이하로 전류를 흘리거나 역방향 바이어스를 인가해야한다.
(유지전류 : 도통이 된 후 상태를 유지하기 위해서 흐르는 최소전류)

⑥ 래칭전류 : SCR을 ON(=도통)시키기 위해 흘리는 최소한의 전류

⑦ 온도에 의한 영향이 적다.
⑧ 과전압에 약하다.
⑨ 효율이 우수하다.

03 여러 가지 반도체소자의 단자수

(1) 2단자 소자
① Diode, DIAC, SSS, 제너다이오드
② DIAC만 쌍방향, 나머지는 단방향소자

(2) 3단자 소자
① SCR, TRIAC, LASCR, GTO, BJT, FET
② TRIAC만 쌍방향, 나머지는 순방향소자

(3) 4단자 소자
SCS

04 정류회로 정리표

구분	평균값	정류비	효율	맥동률	맥동주파수
단상 반파	$\dfrac{\sqrt{2}}{\pi}E = 0.45E$	0.45	40.6[%]	121[%]	f
단상 전파	$\dfrac{2\sqrt{2}}{\pi}E = 0.9E$	0.9	81.2[%]	48[%]	$2f$
3상 반파	$\dfrac{3\sqrt{6}}{\pi}E = 1.17E$	1.17	96.8[%]	17[%]	$3f$
3상 전파	$\dfrac{3\sqrt{2}}{\pi}E = 1.35E$	1.35	99.8[%]	4[%]	$6f$

05 정류기

(1) 컨버터(순변환장치) : 교류를 직류로 변환
(2) 인버터(역변환장치) : 직류를 교류로 변환
(3) 싸이클로 컨버터(주파수변환기) : 교류를 다른 주파수의 교류로 변환
(4) 초퍼 : 직류를 다른 크기의 직류로 변환

06 다이오드의 연결

다이오드란 P형 반도체와 N형 반도체를 접합해서 만들어지는 전자부품으로 주로 한 쪽 방향으로만 전류를 흐르게 하는 성질을 가지고 있다.

(1) **직렬연결** : 고전압에 강하므로 과전압 방지대책으로 사용

(2) **병렬연결** : 대전류에 강하므로 과전류 방지대책으로 사용

07 특수 반도체소자

(1) **제너다이오드** : 전압을 일정하게 유지할 때 사용

(2) **터널다이오드(=에사키다이오드)** : 발진, 증폭, 고속 스위칭에 주로 사용

(3) **포토다이오드** : 빛에 의해 광량에 비례하는 전류가 흐름

(4) **가변용량다이오드(버랙터)** : 역전압을 크게 하여 정전용량을 조절

(5) **서미스터** : 온도보상용으로 사용

(6) **바리스터** : 과전압으로부터 회로를 보호할 때 사용

08 트랜지스터

(1) 베이스 전류에 따라 컬렉터 전류가 흐르거나 흐르지 않기도 하는 스위칭 작용을 하는 것이다.

(2) 트렌지스터 구성

① npn형 : 양쪽을 n형 반도체로 하고, 중앙부를 p형 반도체로 한 것

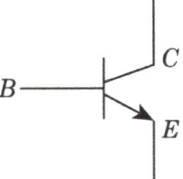

② pnp형 : 양쪽을 p형 반도체로 하고, 중앙부를 n형 반도체로 한 것

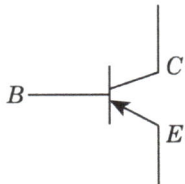

(3) 각 단자의 전류

① 이미터의 전류 : $I_e = I_b + I_c$

② 전류 증폭률 : $\beta = \dfrac{I_c}{I_b}$, $\alpha = \dfrac{I_c}{I_e}$

- I_e : 이미터 전류,
- I_c : 컬렉터 전류,
- α : 베이스 접지 전류 증폭률
- I_b : 베이스 전류,
- β : 이미터 접지 전류 증폭률

② α, β의 관계

$$\alpha = \dfrac{\beta}{1+\beta}, \qquad \beta = \dfrac{\alpha}{1-\alpha}$$

CHAPTER 04 정류기 및 전자회로

01 터널다이오드를 사용하는 목적이 아닌 것은?
① 스위칭작용　　② 증폭작용
③ 발진작용　　　④ 정전압 정류작용

정답 ④
해설 ● 반도체소자

구분	내용
제너다이오드	전압을 일정하게 유지할 때 사용
터널다이오드(=에사키다이오드)	발진, 증폭, 고속 스위칭에 주로 사용
서미스터	온도보상용으로 사용
바리스터	과전압으로부터 회로를 보호할 때 사용

02 P형 반도체에 첨가되는 불순물에 관한 설명으로 옳은 것은?
① 5개의 가전자를 갖는다.
② 억셉터 불순물이라 한다.
③ 과잉전자를 만든다.
④ 게르마늄에는 첨가할 수 있으나 실리콘에는 첨가가 되지 않는다.

정답 ②
해설 ● 반도체
　• P형 반도체
　　① 진성반도체에 불순물로 13족 원소(붕소, 알루미늄 등등)를 도핑 한 반도체로 캐리어(주반송자)는 정공(억셉터)가 된다.
　　② 억셉터 : P형 반도체를 만드는 불순물
　• N형 반도체
　　① 진성반도체에 불순물로 15족 원소(인, 비소 등등)를 도핑 한 반도체로 캐리어(주반송자)는 전자(도너)가 된다.
　　② 도너 : N형 반도체를 만드는 불순물

03 다음 소자 중에서 온도 보상용으로 쓰이는 것은?
① 서미스터 ② 바리스터
③ 제너다이오드 ④ 터널다이오드

- 반도체소자

구분	내용
제너다이오드	전압을 일정하게 유지할 때 사용
터널다이오드(=에사키다이오드)	발진, 증폭, 고속 스위칭에 주로 사용
포토다이오드	빛에 의해 광량에 비례하는 전류가 흐름
변용량다이오드(버랙터)	역전압을 크게 하여 정전용량을 조절
서미스터	온도보상용으로 사용

04 PNPN 4층 구조로 되어 있는 소자가 <u>아닌</u> 것은?
① SCR ② TRIAC
③ Diode ④ GTO

- 다이오드
  다이오드는 2단자 소자이며, PN접합 다이오드이다.

05 단상 반파정류회로에서 교류 실효값 220V를 정류하면 직류 평균전압은 약 몇 V인가? (단, 정류기의 전압강하는 무시한다.)
① 58 ② 73
③ 88 ④ 99

- 정류회로 정리표

구분	정류비	맥동률	맥동주파수
단상 반파	0.45	121[%]	f
단상 전파	0.9	48[%]	$2f$
3상 반파	1.17	17[%]	$3f$
3상 전파	1.35	4[%]	$6f$

$V_m = 0.45 V$

∴ 단상 반파정류의 정류비는 0.45이므로,
$220 \times 0.45 = 99[V]$

06 다음 중 쌍방향성 전력용 반도체 소자인 것은?
  ① SCR ② IGBT
  ③ TRIAC ④ DIODE

> 정답 ③
> 해설 ● 반도체 소자의 단자수
>   ① 2단자 소자 : Diode, DIAC, SSS, 제너다이오드
>   (DIAC만 쌍방향, 나머지는 단방향소자)
>   ② 3단자 소자 : SCR, TRIAC, LASCR, GTO, BJT, FET
>   (TRIAC만 쌍방향, 나머지는 순방향소자)
>   ③ 4단자 소자 : SCS

07 단상변압기의 권수비가 a=8이고, 1차 교류전압의 실효치는 110V이다. 변압기 2차 전압을 단상 반파 정류회로를 이용하여 정류했을 때 발생하는 직류 전압의 평균치는 약 몇 V인가?
  ① 6.19 ② 6.29
  ③ 6.39 ④ 6.88

> 정답 ①
> 해설 ● 권수비
> $$a = \frac{V_1}{V_2}$$
> $$8 = \frac{110}{V_2}$$
> $$V_2 = \frac{110}{8} = 13.75[V]$$
> 단상반파 회로의 정류비는 0.45이므로
> $$\therefore E_2 = V_2 \times 0.45 = 13.75 \times 0.45 = 6.19[V]$$
>
> | 구분 | 정류비 | 맥동률 | 맥동주파수 |
> |---|---|---|---|
> | 단상 반파 | 0.45 | 121[%] | f |
> | 단상 전파 | 0.9 | 48[%] | $2f$ |
> | 3상 반파 | 1.17 | 17[%] | $3f$ |
> | 3상 전파 | 1.35 | 4[%] | $6f$ |

08 50Hz의 3상 전압을 전파 정류하였을 때 리플(맥동) 주파수(Hz)는?
  ① 50 ② 100
  ③ 150 ④ 300

[정답] ④

[해설] • 3상전파 정류회로의 맥동주파수

$\therefore f_0 = 6f = 6 \times 50 = 300 [Hz]$

구분	정류비	맥동률	맥동주파수
단상 반파	0.45	121[%]	f
단상 전파	0.9	48[%]	$2f$
3상 반파	1.17	17[%]	$3f$
3상 전파	1.35	4[%]	$6f$

CHAPTER 05 계측기

01 변환소자

변환요소	해당기구(소자)
압력 → 변위	다이어프램, 벨로우즈, 스프링
변위 → 압력	유압분사관, 노즐플래퍼, 스프링
변위 → 전압	차동변압기, 전위차계, 포텐셔미터
온도 → 전압	열전대
온도 → 임피던스	정온식 감지선형 감지기, 측온저항

02 전압, 전류의 측정기구

(1) **전압계** : 부하와 병렬로 연결해서 부하에 걸리는 전압을 측정

(2) **전류계** : 부하와 직렬로 연결해서 부하로 들어가는 전류를 측정

(3) **배율기(Multiplier)** : 전압 측정범위를 확대하기 위해 사용하는 저항으로 전압계와 직렬연결

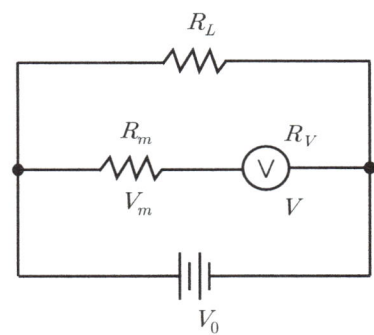

배율기의 저항 $R_m = (m-1)R_V$

여기서
- m : 배율기의 배분(전압비) $\left(= \dfrac{V_0}{V}\right)$
- R_V : 전압계 내부저항
- V : 전압계에 걸리는 전압

(4) 분류기(Shunt) : 전류 측정범위를 확대하기 위해 사용하는 저항으로 전류계와 병렬연결

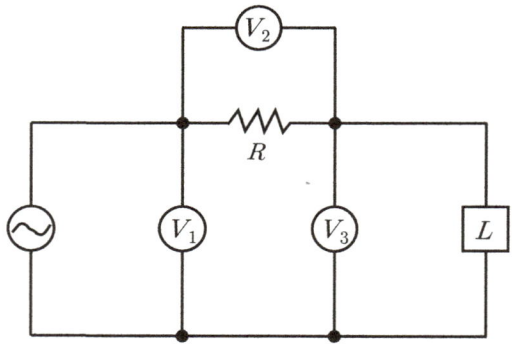

분류기의 저항 $R_s = \dfrac{R_A}{n-1}$

여기서 • n : 분류기의 배분(전류비)$\left(= \dfrac{I_0}{I}\right)$
 • R_A : 전류계 내부저항
 • I : 전류계로 흐르는 전류

03 전압계법, 전류계법, 전력계법

(1) 3전압계법

① 소비전력 $P = \dfrac{1}{2R}(V_3^2 - V_1^2 - V_2^2)[W]$

② 역률 $\cos\theta = \dfrac{V_3^2 - V_2^2 - V_1^2}{2V_2V_3}$

(2) 3전류계법

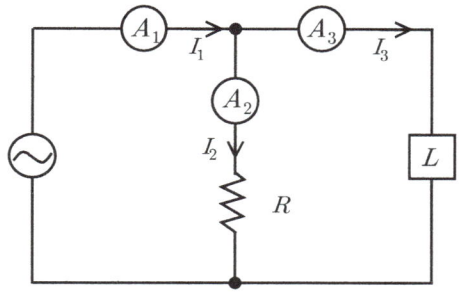

① 소비전력 $P = \dfrac{R}{2}(I_3^2 - I_2^2 - I_1^2)[W]$

② 역률 $\cos\theta = \dfrac{I_3^2 - I_2^2 - I_1^2}{2I_2 I_3}$

(3) 2전력계법

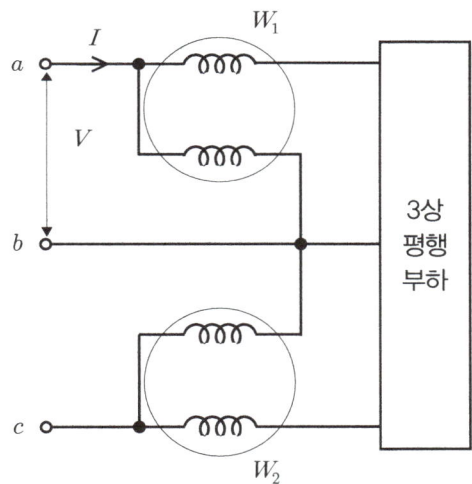

① 소비전력(유효전력) $P = W_1 + W_2 [W]$

② 무효전력 $P_r = \sqrt{3}(W_1 - W_2)[Var]$

③ 피상전력 $P_a = \sqrt{P^2 + P_r^2} = 2\sqrt{W_1^2 + W_2^2 - W_1 W_2}\,[VA]$

④ 역률 $\cos\theta = \dfrac{P}{P_a} = \dfrac{W_1 + W_2}{2\sqrt{W_1^2 + W_2^2 - W_1 W_2}}$

04 저항의 측정

(1) 휘스톤 브리지법 : 미지의 저항을 측정하는 방법

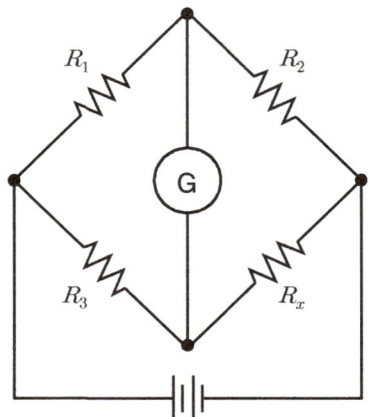

① 브리지 평형상태 : 검류계에 전류가 흐르지 않음

② 브리지 평형조건과 미지의 저항값 : $R_1 R_x = R_2 R_3$ → ∴ $R_x = \dfrac{R_2 R_3}{R_1}$

(2) 콜라우시 브리지법 : 전해질(전해액)의 도전율 측정, 전지의 내부저항 측정시에 사용

(3) 켈빈더블 브리지법 : 굵은 나전선의 저항값 측정시 사용

(4) 절연저항측정기구 : 메거

CHAPTER 05 계측기

01 그림과 같이 전압계 V_1, V_2, V_3와 5Ω의 저항 R을 접속하였다. 전압계의 지시가 V_1=20V, V_2=40V, V_3=50V라면 부하전력은 몇W인가?

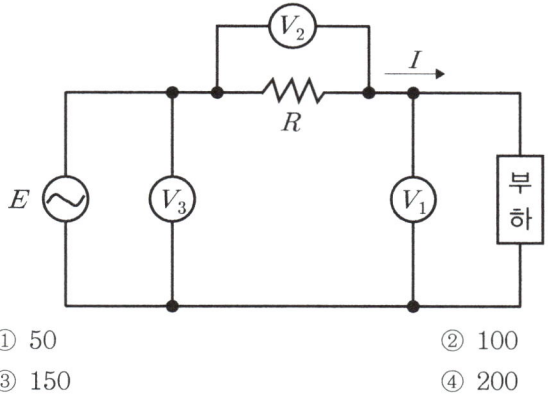

① 50
② 100
③ 150
④ 200

정답 ①
해설 • 3전압계법의 전력

$$P = \frac{1}{2R}(V_3^2 - V_1^2 - V_2^2)[W]$$

$$\therefore P = \frac{1}{2 \times 5}(50^2 - 40^2 - 20^2) = 50[W]$$

02 회로의 전압과 전류를 측정하기 위한 계측기의 연결방법으로 옳은 것은?
① 전압계 : 부하와 직렬, 전류계 : 부하와 병렬
② 전압계 : 부하와 직렬, 전류계 : 부하와 직렬
③ 전압계 : 부하와 병렬, 전류계 : 부하와 병렬
④ 전압계 : 부하와 병렬, 전류계 : 부하와 직렬

정답 ④
해설 • 전압, 전류의 측정기구
① 전압계 : 부하와 병렬로 연결해서 부하에 걸리는 전압을 측정
② 전류계 : 부하와 직렬로 연결해서 부하로 들어가는 전류를 측정
③ 배율기 : 전압 측정범위를 확대하기 위해 사용하는 저항으로 전압계와 직렬연결
④ 분류기 : 전류 측정범위를 확대하기 위해 사용하는 저항으로 전류계와 병렬연결

03 분류기를 써서 배분을 9로 하기 위한 분류기의 저항은 전류계 내부저항의 몇 배인가?
① 1/8
② 1/9
③ 8
④ 9

정답 ①

해설 • 분류기
전류 측정범위를 확대하기 위해 사용하는 저항으로 전류계와 병렬연결
• 분류기의 저항
$$R_s = \frac{R_A}{n-1}$$
$$\therefore R_s = \frac{1}{9-1} \times R_A = \frac{1}{8} R_A$$

04 배선의 절연저항은 어떤 측정기를 사용하여 측정하는가?
① 전압계
② 전류계
③ 메거
④ 서미스터

정답 ③

해설 • 메거
절연저항을 측정할 때 사용하는 기기이다.

구분	내용
서미스터	온도보상용으로 사용 (온도에 의해 저항값이 변하는 반도체 소자)
전압계	부하와 병렬로 연결해서 부하에 걸리는 전압을 측정
전류	부하와 직렬로 연결해서 부하로 들어가는 전류를 측정

05 최고 눈금 50mV, 내부 저항이 100Ω인 직류 전압계에 1.2MΩ의 배율기를 접속하면 측정할 수 있는 최대 전압은 약 몇 V인가?
① 3
② 60
③ 600
④ 1200

정답 ③

해설 • 배율기의 배율
$$m = \frac{V_0}{V} = 1 + \frac{R_m}{R_V}$$
$$V_0 = (1 + \frac{R_m}{R_V})V$$
$$\therefore V_0 = (1 + \frac{1.2 \times 10^6}{100}) \times 50 \times 10^{-3} = 600.05 ≒ 600[V]$$

06 최대눈금이 200mA, 내부저항이 0.8Ω인 전류계가 있다. 8mΩ의 분류기를 사용하여 전류계의 측정범위를 넓히면 몇 A까지 측정할 수 있는가?

① 19.6
② 20.2
③ 21.4
④ 22.8

정답 ②

해설 • 분류기
전류 측정범위를 확대하기 위해 사용하는 저항으로 전류계와 병렬연결
• 분류기의 저항
$$R_s = \frac{R_A}{n-1}$$
• 분류기의 배율
$$n = \frac{I_0}{I} = \frac{6}{120 \times 10^{-3}} = 50$$
$$n = \frac{R_A}{R_s} + 1 = \frac{I_0}{I}$$
$$n = \frac{0.8}{8 \times 10^{-3}} + 1 = \frac{I_0}{200 \times 10^{-3}}$$
$$\therefore I_0 = \left(\frac{0.8}{8 \times 10^{-3}} + 1\right) \times 200 \times 10^{-3} = 20.2[A]$$

I 소방전기일반

쉽고 빠르게 합격하는 소방설비(산업)기사 필기시험 대비

PART 03 자동제어 및 시퀀스

CHAPTER 01 자동제어의 기초
CHAPTER 02 라플라스변환과 전달함수
CHAPTER 03 블록선도
CHAPTER 04 불대수와 논리게이트
CHAPTER 05 무접점회로와 유접점회로
CHAPTER 06 시퀀스 기초

CHAPTER 01 자동제어의 기초

01 폐루프 제어계의 구조

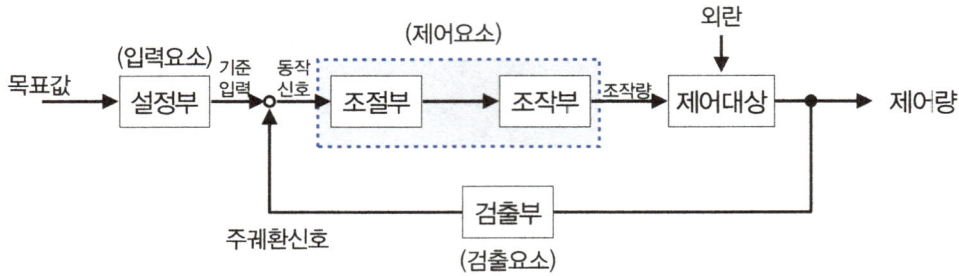

(1) 제어요소의 구성
① 목표값 : 제어량이 원하는 값이 나올 수 있도록 외부에서 주는 신호
② 설정부(입력요소) : 목표값을 제어할 수 있는 신호로 변환하는 장치
③ 기준입력 : 제어계를 동작시키는 기준값이 되며 목표값에 비례한다.
④ 동작신호(=제어오차) : 기준입력과 주궤환신호의 편차값
⑤ 제어요소 : 조절부와 조작부로 나뉘며 동작신호를 조작량으로 변환한다.
⑥ 조작량 : 제어요소가 제어대상에게 주는 값
⑦ 외란 : 외부에서 들어오는 신호(Noise)로써 제어량 값을 변화시킴
⑧ 제어량 : 제어대상으로부터 나온 값
⑨ 검출부 : 제어량과 기준입력을 비교하는 부분으로 피드백신호를 만들어주는 근본이 된다.

(2) 피드백 제어회로의 특징
① 입출력을 비교함으로써 오차를 줄일 수 있어 정확한 제어가 가능하다.
② 대역폭이 증가하나 구조가 복잡하며 비용이 증가한다.
③ 계의 특성변화에 대한 입력 대 출력비의 감도(전체이득)이 감소한다.

02 제어량의 분류

(1) 제어량 종류에 의한 분류
① 프로세스제어 : 온도, 유량, 압력, 액면 등, 생산공정 등의 상태량을 제어
② 서보제어 : 자세, 방위, 위치 등, 기계적 변위를 제어
③ 자동조정제어 : 전압, 전류, 주파수, 회전속도 등, 전기적, 기계적인 양을 제어

(2) 정치제어 : 목표값이 시간에 대해 변하지 않는 제어로 프로세스제어, 자동조정제어가 있다.

(3) 추치제어 : 목표값이 시간에 대해 변하는 제어

① 추종제어 : 목표의 변화를 추종하며 목표값이 변하는 제어
② 프로그램제어 : 사전에 정해진 프로그램에 따라 제어량을 변화시키는 제어
③ 비율제어 : 일정한 비율로 목표값이 변화하는 제어

03 조절부 동작에 따른 분류

(1) 연속제어
① 비례제어(P) : 잔류편차가 발생, 응답속도 지연
② 미분제어(D) : 오차가 커지는 것을 미리 방지, 진동 억제
③ 적분제어(I) : 잔류편차 제거
④ 비례미분제어(PD) : 오버슈트 감소, 응답속도 개선
⑤ 비례적분제어(PI) : 잔류편차 제거, 정상특성 개선, 가장 정밀한 제어를 할 수 있음
⑥ 비례적분미분제어(PID) : 가장 이상적인 제어

(2) 불연속제어 : 온오프제어(2위치제어)

CHAPTER 01 자동제어의 기초

01 제어동작에 따른 제어계의 분류에 대한 설명 중 **틀린** 것은?

① 미분동작 : D동작 또는 rate동작이라고 부르며, 동작신호의 기울기에 비례한 조작신호를 만든다.
② 적분동작 : I동작 또는 리셋동작이라고 부르며, 적분값의 크기에 비례하여 조절신호를 만든다.
③ 2위치제어 : on/off 동작이라고도 하며, 제어량이 목표값 보다 작은지 큰지에 따라 조작량으로 on 또는 off의 두가지 값의 조절 신호를 발생한다.
④ 비례동작 : P동작이라고도 부르며, 제어동작신호에 반비례하는 조절신호를 만드는 제어동작이다.

정답 ④
해설 ● 제어의 종류

구분	내용
비례제어 (P)	잔류편차가 발생, 응답속도 지연
미분제어 (D)	오차가 커지는 것을 미리 방지, 진동 억제
적분제어 (I)	잔류편차 제거
비례미분제어 (PD)	오버슈트 감소, 응답속도 개선
비례적분제어 (PI)	잔류편차 제거, 정상특성 개선, 가장 정밀한 제어를 할 수 있음
비례적분미분제어 (PID)	가장 이상적인 제어

∴ 비례동작은 제어동작신호에 비례하는 조절신호를 만드는 제어동작이다.

02 피드백 제어계에 대한 설명 중 **틀린** 것은?

① 대역폭이 증가한다.
② 정확성이 있다.
③ 비선형에 대한 효과가 증대된다.
④ 발진을 일으키는 경향이 있다.

정답 ③
해설 ● 피드백 제어회로의 특징
① 입출력을 비교함으로써 오차를 줄일 수 있어 정확한 제어가 가능하다.
② 대역폭이 증가하나 구조가 복잡하며 비용이 증가한다.
③ 계의 특성변화에 대한 입력 대 출력비의 감도(전체이득)이 감소한다.
④ 비선형과 왜형에 대한 효과가 감소한다.

03 서보전동기는 제어기기의 어디에 속하는가?

① 검출부 ② 조절부
③ 증폭부 ④ 조작부

> **정답** ④
> **해설** ● 서보전동기
> 큰 회전력이 요구되지 않는 계에 사용되는 전동기로, 서보기구의 조작부로서 제어신호에 의해 부하를 구동하는 장치이다.

04 제어요소의 구성으로 옳은 것은?

① 조절부와 조작부 ② 비교부와 검출부
③ 설정부와 검출부 ④ 설정부와 비교부

> **정답** ①
> **해설** ● 폐루프 제어계의 구조

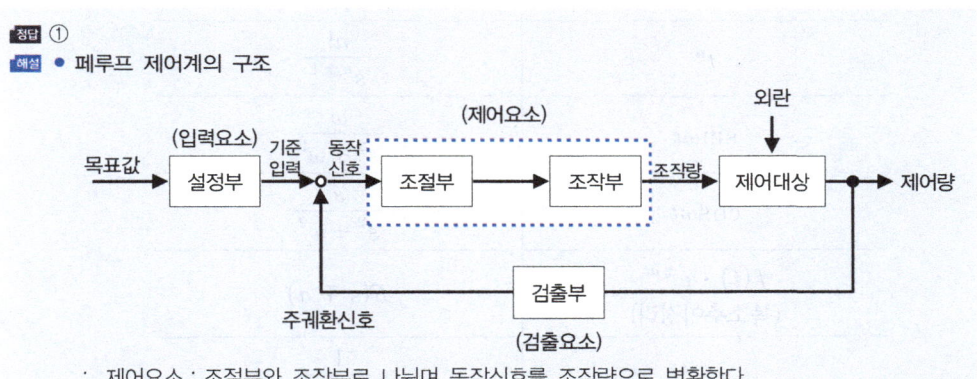

∴ 제어요소 : 조절부와 조작부로 나뉘며 동작신호를 조작량으로 변환한다.

05 프로세스제어의 제어량이 <u>아닌</u> 것은?

① 액위 ② 유량
③ 온도 ④ 자세

> **정답** ④
> **해설** ● 제어량 종류에 의한 분류
>
> | 구분 | 종류 |
> | --- | --- |
> | 프로세스제어 | 온도, 유량, 압력, 액면 등, 생산공정 등의 상태량을 제어 |
> | 서보제어 | 자세, 방위, 위치 등, 기계적 변위를 제어 |
> | 자동조정제어 | 압, 전류, 주파수, 회전속도 등, 전기적, 기계적인 양을 제어 |

CHAPTER 02 라플라스변환과 전달함수

01 라플라스변환의 정의와 공식

(1) 정의 : 시간함수 $f(t)$를 주파수 함수 $F(s)$로 변환 할 때 사용하는 변환식

$$\mathcal{L}[f(t)] = F(s) = \int_0^\infty f(t) \cdot e^{-st} dt$$

(2) 주요 라플라스 변환식

$f(t)$	$F(s)$
$\delta(t)$(임펄스함수)	1
$u(t)$(계단함수), 1	$\dfrac{1}{s}$
t(경사함수)	$\dfrac{1}{s^2}$
t^n	$\dfrac{n!}{s^{n+1}}$
$\sin\omega t$	$\dfrac{\omega}{s^2+\omega^2}$
$\cos\omega t$	$\dfrac{s}{s^2+\omega^2}$
$f(t) \cdot e^{\pm at}$ (복소추이정리)	$F(s \mp a)$
e^{-at}	$\dfrac{1}{s+a}$
$t^n e^{-at}$	$\dfrac{n!}{(s+a)^{n+1}}$
$\sin\omega t \cdot e^{-at}$	$\dfrac{\omega}{(s+a)^2+\omega^2}$
$\cos\omega t \cdot e^{-at}$	$\dfrac{s+a}{(s+a)^2+\omega^2}$

(3) 라플라스변환의 미분, 적분정리

① 미분정리 : $\mathcal{L}\left[\dfrac{d^n}{dt^n}f(t)\right] = s^n F(s)$ (단, 초기값 $f(0) = 0$)

② 적분정리 : $\mathcal{L}\left[\int f(t)\,dt\right] = \dfrac{1}{s}F(s)$ (단, 초기값 $f(0) = 0$)

02 역라플라스변환

(1) 라플라스변환의 역변환 방법으로 미분방정식을 해석할 때 잘 활용된다.

(2) 헤비사이드 부분분수 전개법

Ex $-\dfrac{s+10}{s^2-s-12} = -\dfrac{s+10}{(s-4)(s+3)} = -\left[\dfrac{K_1}{s-4} + \dfrac{K_2}{s+3}\right]$

$K_1 = \dfrac{s+10}{s+3}\bigg|_{s=4} = \dfrac{14}{7} = 2, \quad K_2 = \dfrac{s+10}{s-4}\bigg|_{s=-3} = \dfrac{7}{-7} = -1$

$\therefore -\dfrac{s+10}{s^2-s-12} = -\left[\dfrac{2}{s-4} + \dfrac{-1}{s+3}\right] = \dfrac{1}{s+3} - \dfrac{2}{s-4}$

$\therefore \mathcal{L}^{-1}\left[\dfrac{1}{s+3} - \dfrac{2}{s-4}\right] = e^{-3t} - 2e^{4t}$

03 전달함수

(1) **정의** : 입력함수 대비 출력함수의 값으로 라플라스변환을 통해 주파수함수로 표현

(2) 공식의 표현

$$G(s) = \dfrac{C(s)}{R(s)}$$

여기서 • $R(s)$: 입력함수
  • $C(s)$: 출력함수
  • $G(s)$: 전달함수

CHAPTER 02 라플라스변환과 전달함수

01 어떤 계를 표시하는 미분 방정식이 $\dfrac{d^2}{dt^2}y(t) - 4\dfrac{d}{dt}y(t) - 5y(t) = x(t)$ 라고 한다. $x(t)$는 입력신호, $y(t)$는 출력신호라고 하면 이 계의 전달 함수는?

① $\dfrac{1}{(s+1)(s-5)}$ ② $\dfrac{1}{(s-1)(s+5)}$

③ $\dfrac{1}{(5s-1)(s+2)}$ ④ $\dfrac{1}{(5s+1)(s-2)}$

정답 ①

해설 ● 전달함수

$$G(s) = \dfrac{C(s)}{R(s)}$$

● 라플라스변환

$X(s) = S^2 y(t) - 4Sy(t) - 5y(t) = (S^2 - 4S - 5)y(t)$

∴ 변환한다 → $\dfrac{출력}{입력} = \dfrac{1}{S^2 - 4S - 5} = \dfrac{1}{(S-5)(S+1)}$

03 블록선도

01 블록선도

(1) 제어계에서 포함되어있는 각 요소의 신호가 어떤 모양으로 전달되는지를 나타낸 선도

(2) 구성

① 전달요소($G(s)$) : 입력신호($R(s)$)를 출력신호($C(s)$)로 만들어주는 요소

$$R(s) \longrightarrow \boxed{G(s)} \longrightarrow C(s)$$

$$C(s) = R(s)G(s) \rightarrow \therefore G(s) = \frac{C(s)}{R(s)}$$

② 가합점 : 두 개 이상의 신호의 합과 차를 표시하는 요소

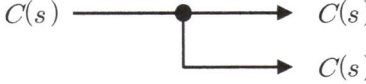

$$C(s) = R(s) - B(s)$$

③ 인출점 : 하나의 신호를 여러 부분으로 분기해서 내보내는 요소

$$C(s) \longrightarrow \begin{array}{c} C(s) \\ C(s) \end{array}$$

02 종합전달함수의 해석

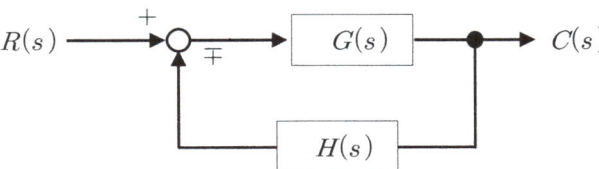

(1) 공식 : 종합전달함수 $= \dfrac{C(s)}{R(s)} = \dfrac{\text{전향경로이득의 합}}{1 - \text{폐루프이득의 합}}$

$$= \frac{G(s)}{1 - (\mp G(s)H(s))} = \frac{G(s)}{1 \pm G(s)H(s)}$$

CHAPTER 03 블록선도

01 다음 그림과 같은 계통의 전달함수는?

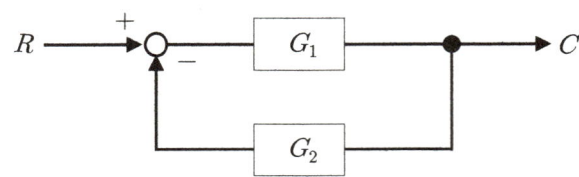

① $\dfrac{G_1}{1+G_2}$ ② $\dfrac{G_2}{1+G_1}$

③ $\dfrac{G_2}{1+G_1 G_2}$ ④ $\dfrac{G_1}{1+G_1 G_2}$

정답 ④

해설 ● 블록선도

전달함수 $= \dfrac{C(s)}{R(s)} = \dfrac{\text{전향경로이득의 합}}{1-\text{폐루프이득의 합}}$

$\therefore$ 전달함수 $= \dfrac{G_1}{1-(-G_1 G_2)} = \dfrac{G_1}{1+G_1 G_2}$

02 그림과 같은 블록선도에서 출력 $C(s)$는?

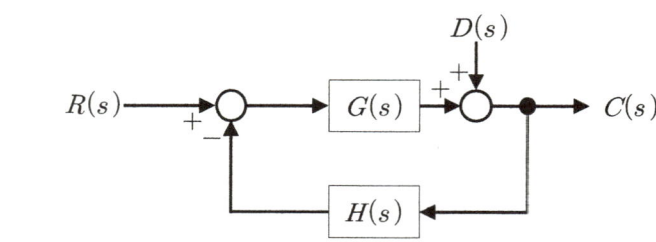

① $\dfrac{G(s)}{1+G(s)H(s)}R(s) + \dfrac{G(s)}{1+G(s)H(s)}D(s)$

② $\dfrac{1}{1+G(s)H(s)}R(s) + \dfrac{1}{1+G(s)H(s)}D(s)$

③ $\dfrac{G(s)}{1+G(s)H(s)}R(s) + \dfrac{1}{1+G(s)H(s)}D(s)$

④ $\dfrac{1}{1+G(s)H(s)}R(s) + \dfrac{G(s)}{1+G(s)H(s)}D(s)$

정답 ③

해설 • 블록선도

전달함수 $= \dfrac{C(s)}{R(s)} = \dfrac{\text{전향경로이득의 합}}{1-\text{폐루프이득의 합}}$

$R(s)$에 의한 전달함수 $G_{R(s)} = \dfrac{G(s)}{1+G(s)H(s)}$

$D(s)$에 의한 전달함수 $G_{D(s)} = \dfrac{1}{1+G(s)H(s)}$

$\therefore C(s) = \dfrac{G(s)}{1+G(s)H(s)}R(s) + \dfrac{1}{1+G(s)H(s)}D(s)$

03 그림의 블록선도와 같이 표현되는 제어 시스템의 전달함수 $G(s)$는?

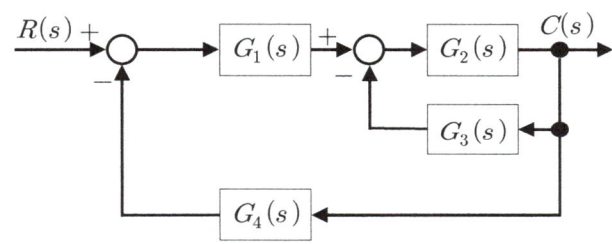

① $\dfrac{G_1(s)G_2(s)}{1+G_2(s)G_3(s)+G_1(s)G_2(s)G_4(s)}$

② $\dfrac{G_3(s)G_4(s)}{1+G_2(s)G_3(s)+G_1(s)G_2(s)G_4(s)}$

③ $\dfrac{G_1(s)G_2(s)}{1+G_2(s)G_3(s)+G_1(s)G_2(s)G_3(s)}$

④ $\dfrac{G_3(s)G_4(s)}{1+G_1(s)G_2(s)+G_1(s)G_2(s)G_3(s)}$

정답 ①

해설 • 블록선도

전달함수 $= \dfrac{C(s)}{R(s)} = \dfrac{\text{전향경로이득의 합}}{1-\text{폐루프이득의 합}}$

$\therefore C(s) = \dfrac{G_1(s)G_2(s)}{1-(-G_2(s)G_3(s)-G_1(s)G_2(s)G_4(s))}$

$= \dfrac{G_1(s)G_2(s)}{1+G_2(s)G_3(s)+G_1(s)G_2(s)G_4(s)}$

CHAPTER 04 불대수와 논리게이트

01 불대수

(1) **정의** : 1(High)과 0(Low)의 디지털신호를 연산할 수 있는 대수체계

(2) **기본연산**

① $A + 1 = 1$
② $A + 0 = A$
③ $A + A = A$
④ $A \cdot 1 = A$
⑤ $A \cdot 0 = 0$
⑥ $A \cdot A = A$
⑦ $A + \overline{A} = 1$
⑧ $A \cdot \overline{A} = 0$
⑨ $\overline{\overline{A}} = A$
⑩ $A + B = B + A$
⑪ $A \cdot B = B \cdot A$
⑫ $A \cdot (B + C) = AB + AC$
⑬ $A + B \cdot C = (A + B) \cdot (A + C)$
⑭ $A + AB = A(1 + B) = A$
⑮ $A \cdot (A + B) = A + AB = A$
⑯ $\overline{A} + AB = (\overline{A} + A) \cdot (\overline{A} + B) = \overline{A} + B$

(3) **드모르간 정리**

① $\overline{A + B} = \overline{A} \cdot \overline{B}$
② $\overline{A \cdot B} = \overline{A} + \overline{B}$

02 논리게이트

(1) **정의** : 불대수를 기반으로 논리연산을 수행해주는 도구

(2) **논리게이트의 종류와 논리표**

① AND게이트(논리곱) : 두 입력이 모두 1이어야 출력이 1이 나오는 게이트

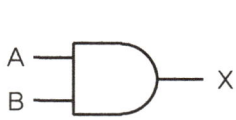

A	B	X
0	0	0
0	1	0
1	0	0
1	1	1

$X = A \cdot B$

② OR게이트(논리합) : 두 입력 중 하나만 1이 나와도 출력이 1이 나오는 게이트

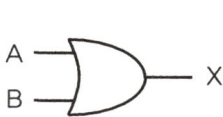

A	B	X
0	0	0
0	1	1
1	0	1
1	1	1

$X = A + B$

③ NOT게이트(부정) : 입력과 반대의 출력이 나오는 게이트

A	X
0	1
1	0

$X = \overline{A}$

④ NAND게이트(논리곱의 부정) : AND게이트의 반대출력이 나오는 게이트

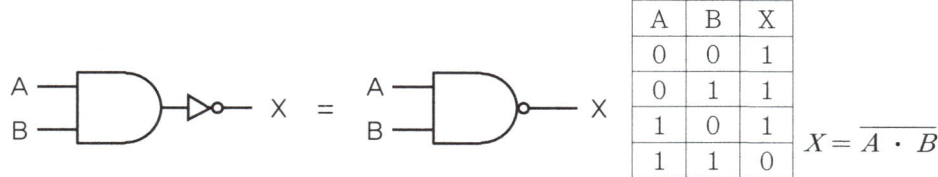

A	B	X
0	0	1
0	1	1
1	0	1
1	1	0

$X = \overline{A \cdot B}$

⑤ NOR게이트(논리합의 부정) : OR게이트의 반대출력이 나오는 게이트

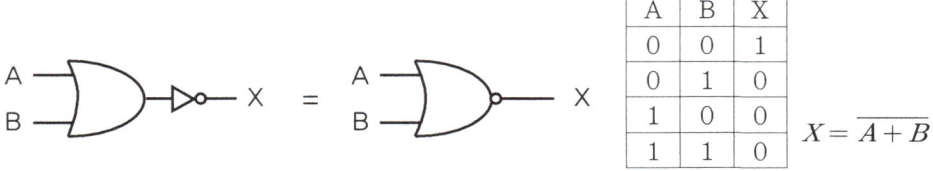

A	B	X
0	0	1
0	1	0
1	0	0
1	1	0

$X = \overline{A + B}$

⑥ XOR(Exclusive OR; EOR)게이트(베타적 논리합) : 두 입력이 서로 달라야 출력이 1이 나오는 게이트

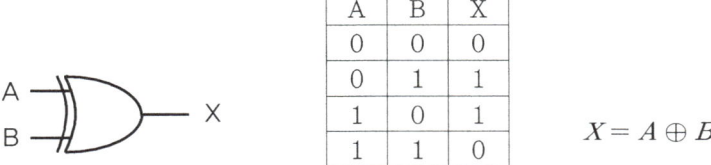

A	B	X
0	0	0
0	1	1
1	0	1
1	1	0

$X = A \oplus B$

(3) 논리게이트의 드모르간정리

① $\overline{A} \cdot \overline{B} = \overline{A + B}$

② $\overline{A} + \overline{B} = \overline{A \cdot B}$

CHAPTER 04 불대수와 논리게이트

01 불대수의 기본정리에 관한 설명으로 **틀린** 것은?
① $A+A=A$
② $A+1=1$
③ $A \cdot 0=1$
④ $A+0=A$

정답 ③

해설 • 불대수 정리
③ $A \cdot 0 = 0$

논리합	논리곱
$A+1=A$	$A \cdot 1=A$
$A+0=A$	$A \cdot 0=0$
$A+A=A$	$A \cdot A=A$
$A+\overline{A}=1$	$A \cdot \overline{A}=0$

02 논리식 $X=AB\overline{C}+\overline{A}BC+\overline{A}B\overline{C}$를 가장 간소화 하면?
① $B(\overline{A}+\overline{C})$
② $B(\overline{A}+A\overline{C})$
③ $B(\overline{A}C+\overline{C})$
④ $B(A+C)$

정답 ①

해설 • 불대수 정리

논리합	논리곱
$A+1=A$	$A \cdot 1=A$
$A+0=A$	$A \cdot 0=0$
$A+A=A$	$A \cdot A=A$
$A+\overline{A}=1$	$A \cdot \overline{A}=0$
$A \cdot (B+C)=AB+AC$	$A+B \cdot C=(A+B) \cdot (A+C)$
$A+AB=A(1+B)=A$	$A \cdot (A+B)=A+AB=A$

$\therefore X = AB\overline{C}+\overline{A}BC+\overline{A}B\overline{C}$
$= AB\overline{C}+\overline{A}B(C+\overline{C})$
$= AB\overline{C}+\overline{A}B$
$= B(A\overline{C}+\overline{A})$
$= B(A+\overline{A})(\overline{C}+\overline{A})$
$= B(\overline{A}+\overline{C})$

03 $X = A\overline{B}C + \overline{A}BC + \overline{A}\,\overline{B}C + \overline{A}\,\overline{B}\,\overline{C} + A\,\overline{B}\,\overline{C}$ 를 가장 간소화한 것은?

① $\overline{A}BC + \overline{B}$
② $B + \overline{A}C$
③ $\overline{B} + \overline{A}C$
④ $\overline{A}\,\overline{B}C + B$

정답 ③

해설 ● 불대수 정리

논리합	논리곱
$A + 1 = A$	$A \cdot 1 = A$
$A + 0 = A$	$A \cdot 0 = 0$
$A + A = A$	$A \cdot A = A$
$A + \overline{A} = 1$	$A \cdot \overline{A} = 0$
$A \cdot (B + C) = AB + AC$	$A + B \cdot C = (A + B) \cdot (A + C)$
$A + AB = A(1 + B) = A$	$A \cdot (A + B) = A + AB = A$

$\therefore X = A\overline{B}C + \overline{A}BC + \overline{A}\,\overline{B}C + \overline{A}\,\overline{B}\,\overline{C} + A\,\overline{B}\,\overline{C}$
$= A\overline{B}(C + \overline{C}) + \overline{A}\,\overline{B}(C + \overline{C}) + \overline{A}BC$
$= A\overline{B} + \overline{A}\,\overline{B} + \overline{A}BC$
$= \overline{B}(A + \overline{A}) + \overline{A}BC$
$= \overline{B} + \overline{A}BC$
$= (\overline{B} + \overline{A})(\overline{B} + B)(\overline{B} + C)$
$= \overline{B} + \overline{A}C$

04 그림의 논리기호를 표시한 것으로 옳은 식은?

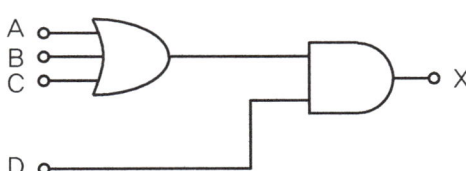

① $X = (A \cdot B \cdot C) \cdot D$
② $X = (A + B + C) \cdot D$
③ $X = (A \cdot B \cdot C) + D$
④ $X = A + B + C + D$

정답 ②

해설 ● 무접점 회로의 논리식

구분	논리식	무접점 회로
AND	$X = A \cdot B$	A, B → X
OR	$X = A + B$	A, B → X
NOT	$X = \overline{A}$	A → X

$\therefore X = (A + B + C) \cdot D$

05 그림과 같은 논리회로의 출력 Y는?

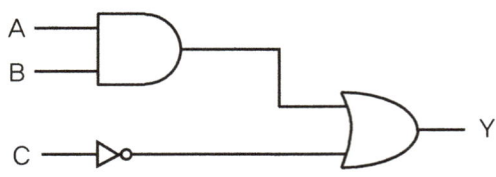

① $AB + \overline{C}$
② $A + B + \overline{C}$
③ $(A+B)\overline{C}$
④ $AB\overline{C}$

정답 ①

해설 ● 무접점 회로의 논리식

구분	논리식	무접점 회로
AND	$X = A \cdot B$	
OR	$X = A + B$	
NOT	$X = \overline{A}$	

$\therefore Y = (AB) + \overline{C} = AB + \overline{C}$

CHAPTER 05 무접점회로와 유접점회로

01 정의와 종류

(1) **유접점회로** : 릴레이와 같이 기계적인 조작을 통해 a, b접점을 제어하는 회로
(2) **무접점회로** : 반도체소자를 활용하여 제어하는 회로
(3) **종류**

게이트	유접점	무접점
AND(논리곱) (직렬연결)		
OR(논리합) (병렬연결)		
NOT(부정)		
NAND(논리곱의 부정)		

NOR(논리합의 부정)	(회로도: A, B, X-b, X, L)	(회로도: +Vcc, A, B, X, TR(NPN))
EOR(베타적 논리합) (Exclusive OR)	(회로도: A, B, X-a, $\overline{B}$, $\overline{A}$, X, L)	

CHAPTER 05 무접점회로와 유접점회로

01 그림과 같은 게이트의 명칭은?

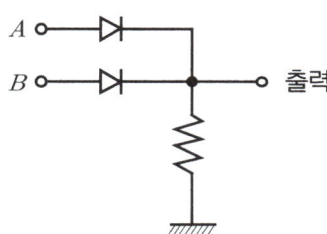

① AND
② OR
③ NOR
④ NAND

정답 ②

해설 • 무접점 회로

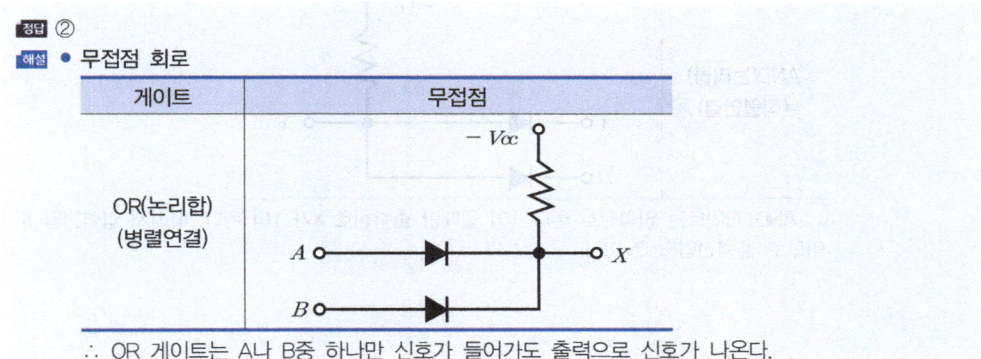

∴ OR 게이트는 A나 B중 하나만 신호가 들어가도 출력으로 신호가 나온다.

02 그림과 같은 다이오드 게이트 회로에서 출력전압은? (단, 다이오드내의 전압강하는 무시한다.)

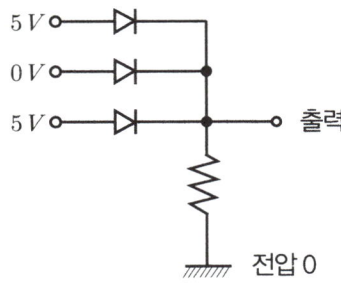

① 10V
② 5V
③ 1V
④ 0V

정답 ②

해설 5V의 전압이 병렬로 들어가고 있기 때문에 출력 또한 5V가 나오게 된다.

03 다음 회로에서 출력전압은 몇 V인가? (단, A=5V, B=0V인 경우이다.)

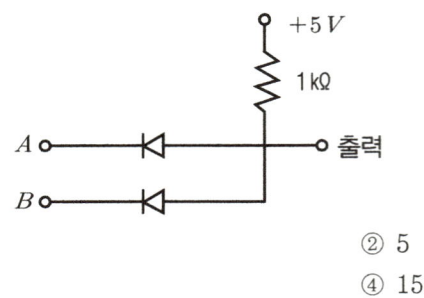

① 0
② 5
③ 10
④ 15

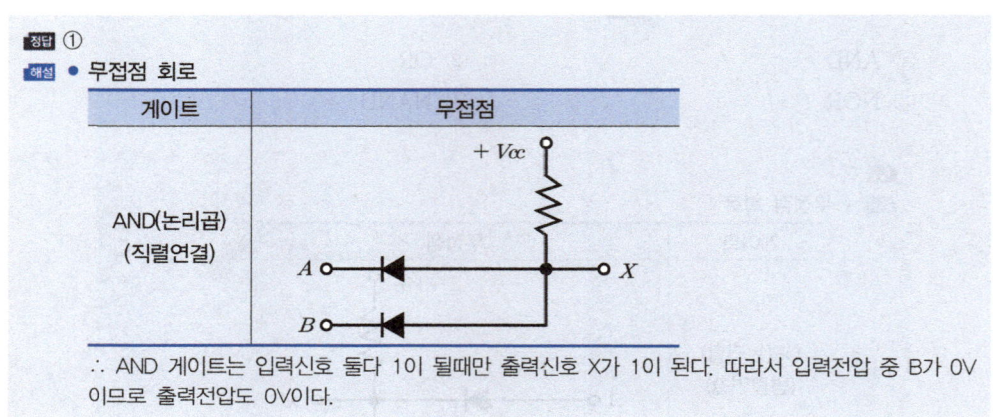

정답 ①
해설 ● 무접점 회로

게이트	무접점
AND(논리곱) (직렬연결)	

∴ AND 게이트는 입력신호 둘다 1이 될때만 출력신호 X가 1이 된다. 따라서 입력전압 중 B가 0V 이므로 출력전압도 0V이다.

04 그림과 같은 무접점회로는 어떤 논리회로인가?

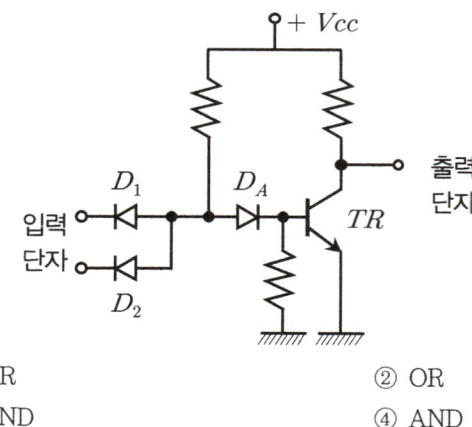

① NOR
② OR
③ NAND
④ AND

정답 ③

해설 ● 무접점 회로

게이트	무접점
NAND (논리곱의 부정)	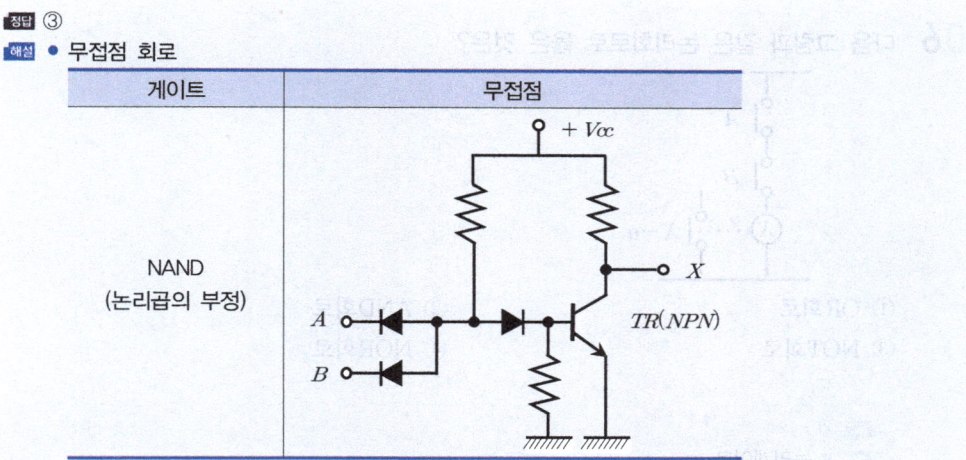

05 그림과 같은 유접점 회로의 논리식은?

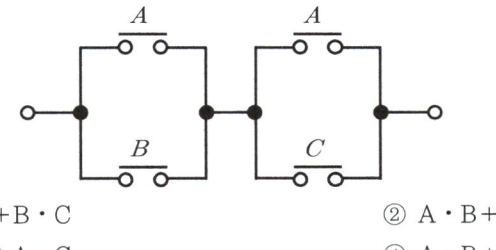

① A+B·C
② A·B+C
③ B+A·C
④ A·B+B·C

정답 ①

해설 ● 유접점 회로 논리식
각각의 접점이 병렬로 연결되었으며 전체 회로가 직렬로 연결됐다.
∴ $X = (A+B)(A+C)$
   $= A + AC + AB + BC$
   $= A(1+B+C) + BC = A + BC$

06 다음 그림과 같은 논리회로로 옳은 것은?

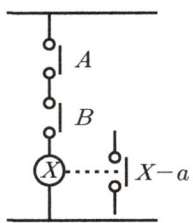

① OR회로 ② AND회로
③ NOT회로 ④ NOR회로

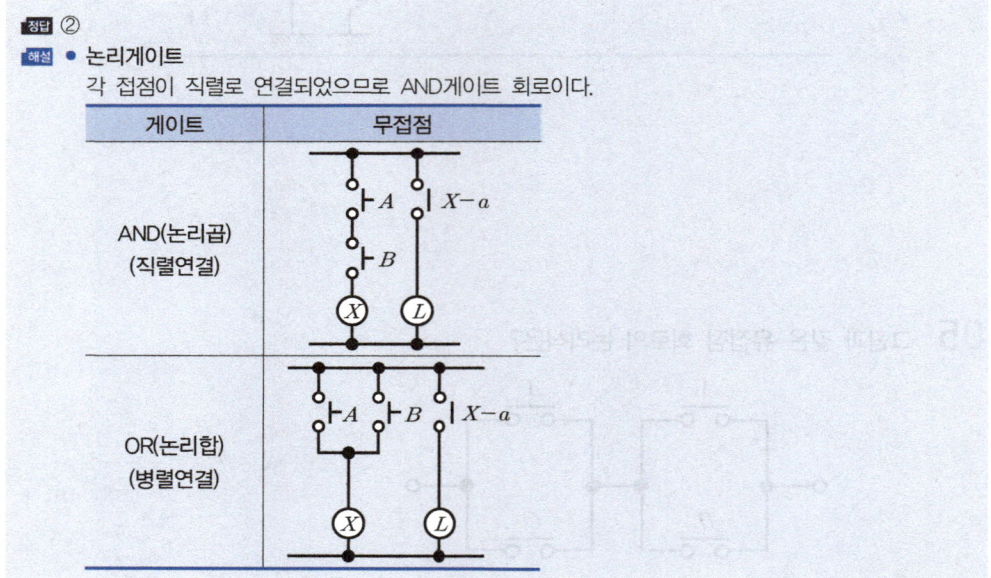

정답 ②

해설 • 논리게이트
각 접점이 직렬로 연결되었으므로 AND게이트 회로이다.

게이트	무접점
AND(논리곱) (직렬연결)	
OR(논리합) (병렬연결)	

07 그림의 시퀀스(계전기 접점) 회로를 논리식으로 표현하면?

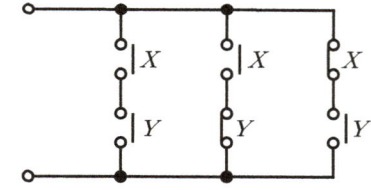

① $X+Y$
② $(XY)+(X\overline{Y})(\overline{X}Y)$
③ $(X+Y)(X+\overline{Y})(\overline{X}+Y)$
④ $(X+Y)+(X+\overline{Y})+(\overline{X}+Y)$

정답 ①

해설 ● 논리게이트

게이트	무접점
AND(논리곱) (직렬연결)	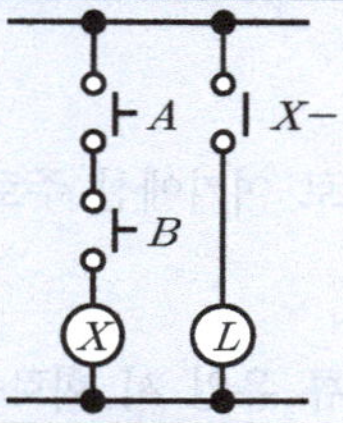
OR(논리합) (병렬연결)	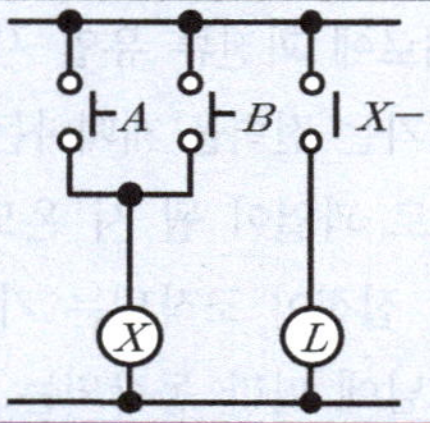

∴ 접점끼리는 직렬이므로 곱으로, 전체 회로간은 병렬로 연결되어 있으므로 합으로 한다.

$$
\begin{aligned}
\text{출력} &= XY + X\overline{Y} + \overline{X}Y \\
&= X(Y + \overline{Y}) + \overline{X}Y \\
&= X + \overline{X}Y \\
&= (X + \overline{X})(X + Y) \\
&= X + Y
\end{aligned}
$$

06 시퀀스 기초

01 시퀀스제어

(1) **정의** : 순차적인 동작을 목표로하는 제어로 여기에선 주로 전동기를 제어하는 목적으로 사용

(2) **전동기 제어회로 구성요소**
① 배선용차단기(MCCB) : 주회로에 과전류 유입 시 회로를 차단
② 전자식과전류계전기(EOCR) : 보조회로에 과전류 유입 시
③ 전자접촉기(MC, PR) : 전동기로 들어가는 전력을 개폐하는 용도로 사용, 파워릴레이라고도 함
④ 열동계전기(THR) : 전동기가 과부하로 과열이 될 시 온도를 측정해서 회로를 차단
⑤ 릴레이(R, Ry, X) : 전기가 들어오면 접점이 조작되는 기구로 계전기라고도 함
⑥ 타이머릴레이(T) : 설정된 시간이 지남에 따라 동작되는 릴레이
⑦ 누름버튼스위치(PB) : 누르는 동안에만 전기가 흐르는 스위치, 수동조작 자동복귀접점
⑧ 파일럿램프(PL) : 동작사항을 색상별로 알려주는 램프

02 주요 시퀀스 회로

(1) **자기유지회로** : 릴레이의 a접점을 이용해서 릴레이 스스로 자신에게 전원을 공급하는 회로

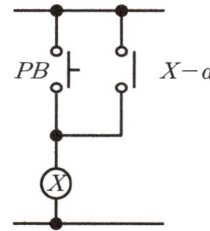

(2) Y-△ 기동회로 : Y결선으로 기동 후 일정시간이 지나 △결선으로 운전하는 회로

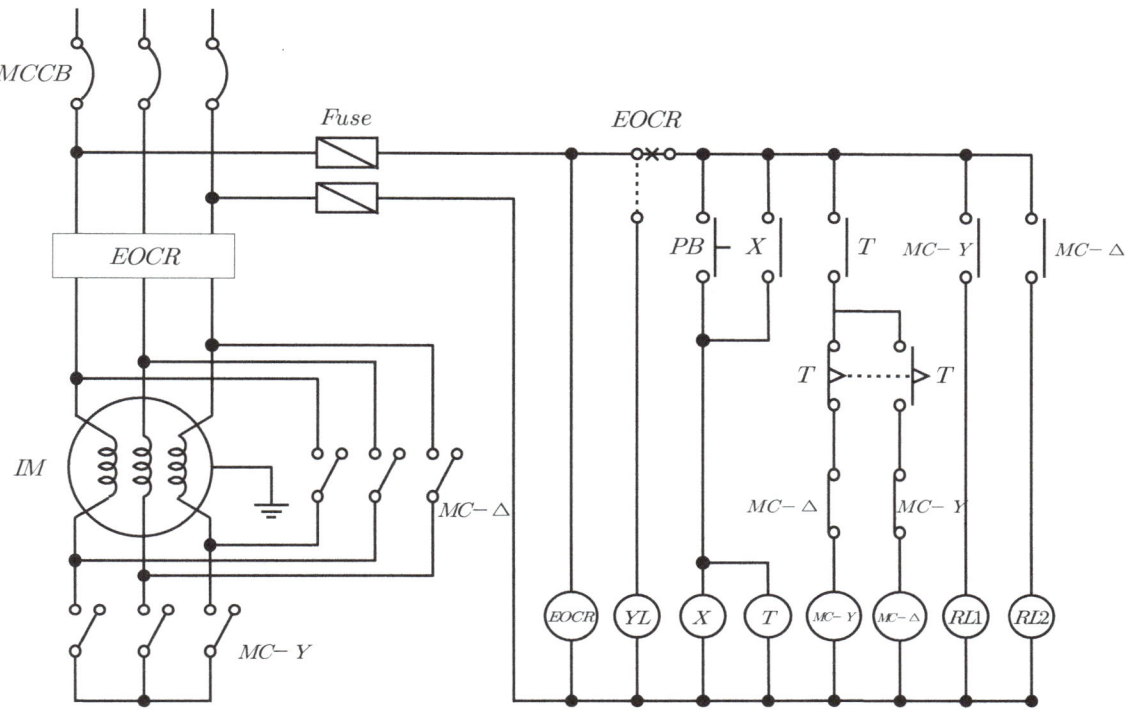

CHAPTER 06 시퀀스 기초

01 PB-on 스위치와 병렬로 접속된 보조접점 X-a의 역할은?

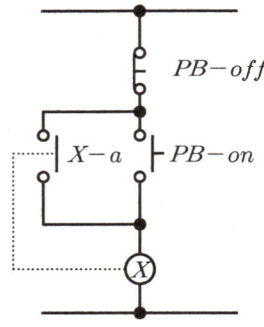

① 인터록 회로 ② 자기유지회로
③ 전원차단회로 ④ 램프점등회로

정답 ②
해설 버튼 PB-on을 누르면 릴레이 X가 자기 스스로 전원을 유지하게 되므로, X-a접점은 자기유지접점임.

02 백열전등의 점등스위치로는 다음 중 어떤 스위치를 사용하는 것이 적합한가?
① 복귀형 a접점 스위치 ② 복귀형 b접점 스위치
③ 유지형 스위치 ④ 전자 접촉기

정답 ③
해설 스위치를 눌러놔도 그 이후로 유지가 되어야 하기 때문에 유지형 스위치가 적합하다.

03 시퀀스제어에 관한 설명 중 틀린 것은?
① 기계적 계전기접점이 사용된다.
② 논리회로가 조합 사용된다.
③ 시간 지연요소가 사용된다.
④ 전체시스템에 연결된 접점들이 일시에 동작할 수 있다.

정답 ④
해설 시퀀스는 접점이 순차적으로 동작하는 제어방식이다.

MEMO

소방전기시설의 구조 및 원리

쉽고 빠르게 합격하는 소방설비(산업)기사 필기시험 대비

PART 01 경보설비

CHAPTER 01 자동화재탐지설비 및 시각경보장치
CHAPTER 02 비상경보설비 및 단독경보형감지기
CHAPTER 03 자동화재속보설비
CHAPTER 04 비상방송설비
CHAPTER 05 가스누설경보기
CHAPTER 06 누전경보기

CHAPTER 01 자동화재탐지설비 및 시각경보장치
[시행 2022. 12. 1.] [2022. 12. 1 제정]

01 용어의 정의

(1) 경계구역 : 특정소방대상물 중 화재신호를 발신하고 그 신호를 수신 및 유효하게 제어할 수 있는 구역

(2) 수신기 : 감지기나 발신기에서 발하는 화재신호를 직접 수신하거나 중계기를 통하여 수신하여 화재의 발생을 표시 및 경보하여 주는 장치

(3) 중계기 : 감지기·발신기 또는 전기적인 접점 등의 작동에 따른 신호를 받아 이를 수신기에 전송하는 장치

(4) 감지기 : 화재 시 발생하는 열, 연기, 불꽃 또는 연소생성물을 자동적으로 감지하여 수신기에 화재신호 등을 발신하는 장치

(5) 발신기 : 수동누름버턴 등의 작동으로 화재 신호를 수신기에 발신하는 장치

(6) 시각경보장치 : 자동화재탐지설비에서 발하는 화재신호를 시각경보기에 전달하여 청각장애인에게 점멸형태의 시각경보를 하는 것

(7) 거실 : 거주·집무·작업·집회·오락 그 밖에 이와 유사한 목적을 위하여 사용하는 실을 말한다.

(8) 신호처리방식 : 화재신호 및 상태신호 등(이하 "화재신호 등"이라 한다)을 송수신하는 방식으로서 다음의 방식

(8-1) 유선식 : 화재신호 등을 배선으로 송·수신하는 방식

(8-2) 무선식 : 화재신호 등을 전파에 의해 송·수신하는 방식

(8-3) 유·무선식 : 유선식과 무선식을 겸용으로 사용하는 방식

02 자동화재탐지설비 구성

감지기, 발신기, 수신기, 중계기, 배선, 음향장치, 표시등, 전원 등

03 감지기

화재 시 발생하는 열, 연기, 불꽃 또는 연소생성물을 자동적으로 감지하여 수신기에 화재신호 등을 발신하는 장치를 말한다.

(1) 종류

① 열 감지기 : 화재에 의해서 발생되는 열을 감지하여 화재신호를 발신하는 감지기를 말한다

차동식	주위온도가 일정 상승률 이상이 되는경우에 작동하는 것이다.	스포트형 (1·2종) : 일국소	[종류] -공기팽창방식 -열기전력 이용방식 -열반도체 이용방식
		분포형 (1·2종) : 넓은 범위	[종류] -공기관식 -열전대식 -열반도체식
정온식	주위온도가 일정한 온도 이상이 되는경우에 작동하는 것이다.	스포트형 (특·1·2종) : 외관이 전선이 아님	-바이메탈 활곡 이용방식 -바이메탈 반전 이용방식 -금속팽창 계수차 이용방식 -액체 또는 기체팽창 이용방식 -금속의 용융 이용방식 -열반도체 소자 이용방식 -가용절연물 이용방식
		감지선형 (특·1·2종) : 외관이 전선임	-
보상식	차동식스포트감지기와 정온식스포트형감지기의 성능을 겸한 것으로 두가지 성능 중 어느 한 기능이 작동되면 작동 신호를 발하는 것이다.	스포트형 (특·1·2종)	-

② 연기 감지기 : 화재에 의해서 발생되는 연기를 감지하여 화재신호를 발신하는 감지기를 말한다.

이온화식	연기에 의하여 이온전류가 변화하여 작동하는 것이다.	스포트형 : 일국소	-
광전식	연기에 의하여 광량이 변화하여 작동하는 것이다.	스포트형 : 일국소	-
		분리형 : 발광부 및 수광부	-
		공기흡입형 : 공기흡입	-

③ 불꽃 감지기 : 화재에 의해서 발생되는 불꽃(적외선 및 자외선을 포함한다. 이하 이 기준에서 같다)을 감지하여 화재신호를 발신하는 감지기를 말한다.
   [종류] 자외선식, 적외선식, 자외선/적외선 겸용식, 영상분석식
④ 복합형 감지기 : 화재시 발생하는 열, 연기, 불꽃을 자동적으로 감지하는 기능 중 두 가지 이상의 성능(동일 생성물이나 다른 연소생성물의 감지 기능)을 가진 것으로서 두 가지 이상의 성능이 함께 작동할 때 화재신호를 발신하거나 두 개 이상의 화재신호를 각 각 발신하는 감지기를 말한다.

㉠ 열 복합형, 연 복합형, 불꽃 복합형, 열·연기 복합형, 연기·불꽃 복합형 등
㉡ 감지기의 두가지 성능이 있는 것으로서 두 가지 성능의 감지기능이 함께 작동될 때 화재신호를 발신하거나 또는 두개의 화재신호를 각각 발신하는 것을 말한다.

⑤ 다신호식 감지기
1개 감지기에 종별·감도 등이 다른 감지기의 기능을 갖춘 것으로 일정시간 간격을 두고 두개의 화재신호를 각각 발신하는 것을 말한다.

⑥ 방폭형 감지기 : 방폭형, 비방폭형
폭발성가스가 용기내부에서 폭발하였을 때 용기가 그 압력에 견디거나 또는 외부의 폭발성 가스에 인화될 우려가 없도록 만들어진 형태의 감지기를 말한다.

⑦ 방수형 감지기 : 방수형, 비방수형
구조가 방수구조로 되어 있는 감지기를 말한다.

⑧ 재용형 감지기 : 재용형, 비재용형
다시 사용할 수 있는 성능을 가진 감지기를 말한다.

⑨ 축적형 감지기 : 축적형, 비축적형
일정 농도 이상의 연기가 일정 시간(공칭축적시간) 연속하는 것을 전기적으로 검출하므로서 작동하는 감지기(다만, 단순히 작동시간만을 지연시키는 것은 제외한다)를 말한다.

⑩ 아날로그식 감지기
주위의 온도 또는 연기의 양의 변화에 따라 각각 다른 전류 또는 전압 등의 출력을 발하는 방식의 감지기를 말한다.

(2) 설치장소별 감지기 설치기준

① 비화재보 우려 장소
자동화재탐지설비의 감지기는 부착 높이에 따라 다음 표 2.4.1에 따른 감지기를 설치해야 한다. 다만, 지하층·무창층 등으로서 환기가 잘되지 아니하거나 실내면적이 40 ㎡ 미만인 장소, 감지기의 부착면과 실내 바닥과의 거리가 2.3 m 이하인 곳으로서 일시적으로 발생한 열·연기 또는 먼지 등으로 인하여 화재신호를 발신할 우려가 있는 장소(2.2.2 본문에 따른 수신기를 설치한 장소를 제외한다)에는 다음의 기준에서 정한 감지기 중 적응성이 있는 감지기를 설치해야 한다.

㉠ 불꽃감지기　　　　　　　　　　㉡ 정온식감지선형감지기
㉢ 분포형감지기　　　　　　　　　㉣ 복합형감지기
㉤ 광전식분리형감지기　　　　　　㉥ 아날로그방식의 감지기
㉦ 다신호방식의 감지기　　　　　　㉧ 축적방식의 감지기

② 감지기 부착 높이기준(표.2.4.1 부착높이에 따른 감지기의 종류)

부착높이	감지기의 종류
4m 미만	• 차동식(스포트형, 분포형) • 보상식 스포트형 • 정온식(스포트형, 감지선형) • 이온화식 또는 광전식(스포트형, 분리형, 공기흡입형) • 열복합형 • 연기복합형 • 열연기복합형 • 불꽃감지기
4m 이상 8m 미만	• 차동식(스포트형, 분포형) • 보상식 스포트형 • 정온식(스포트형, 감지선형) 특종 또는 1종 • 이온화식 1종 또는 2종 • 광전식(스포트형, 분리형, 공기흡입형) 1종또는 2종 • 열복합형 • 연기복합형 • 열연기복합형 • 불꽃감지기
8m 이상 15m 미만	• 차동식 분포형 • 이온화식 1종 또는 2종 • 광전식(스포트형, 분리형, 공기흡입형) 1종 또는 2종 • 연기복합형 • 불꽃감지기
15m 이상 20m 미만	• 이온화식 1종 • 광전식(스포트형, 분리형, 공기흡입형) 1종 • 연기복합형 • 불꽃감지기
20m 이상	• 불꽃감지기 • 광전식(분리형, 공기흡입형)중 아나로그방식

비고) 1) 감지기별 부착높이 등에 대하여 별도로 형식승인 받은 경우에는 그 성능 인정범위 내에서 사용할 수 있다.
2) 부착높이 20m 이상에 설치되는 광전식중 아나로그방식의 감지기는 공칭감지농도 하한값이 감광율 5 %/m 미만인 것으로 한다.

③ 일시적으로 발생한 열·연기 또는 먼지 등으로 인하여 화재신호를 발신할 우려가 있는 장소에는 표 2.4.6(1) 및 표 2.4.6(2) 에 따라 해당 장소에 적응성 있는 감지기를 설치할 수 있으며, 연기감지기를 설치할 수 없는 장소에는 표 2.4.6(1)을 적용하여 설치할 수 있다.

㉠ 설치장소별 감지기 적응성(연기감지기를 설치할 수 없는 경우 적용)[표2.4.6.(1)]

설치 장소		적응 열감지기								불꽃감지기	비고
환경상태	적응장소	차동식스포트형		차동식분포형		보상식스포트형		정온식	열아날로그식		
		1종	2종	1종	2종	1종	2종	특종	1종		
먼지 또는 미분 등이 다량으로 체류하는 장소	쓰레기장, 하역장, 도장실, 섬유·목재·석재 등 가공 공장	○	○	○	○	○	○	○	×	○	○	1. 불꽃감지기에 따라 감시가 곤란한 장소는 적응성이 있는 열감지기를 설치할 것. 2. 차동식분포형감지기를 설치하는 경우에는 검출부에 먼지, 미분 등이 침입하지 않도록 조치할 것. 3. 차동식스포트형감지기 또는 보상식스포트형감지기를 설치하는 경우에는 검출부에 먼지, 미분 등이 침입하지 않도록 조치할 것. 4. 섬유, 목재가공 공장 등 화재확대가 급속하게 진행될 우려가 있는 장소에 설치하는 경우 정온식감지기는 특종으로 설치할 것. 공칭작동 온도75℃ 이하, 열아날로그식스포트형 감지기는 화재표시 설정은 80℃이하가 되도록 할 것.
수증기가 다량으로 머무는 장소	증기 세정실, 탕비실, 소독실 등	×	×	×	○	×	○	○	○	○	○	1. 차동식분포형감지기 또는 보상식스포트형감지기는 급격한 온도변화가 없는 장소에 한하여 사용할 것. 2. 차동식분포형감지기를 설치하는 경우에는 검출부에 수증기가 침입하지 않도록 조치할 것. 3. 보상식스포트형감지기, 정온식감지기 또는 열아날로그식감지기를 설치하는 경우에는 방수형으로 설치할 것. 4. 불꽃감지기를 설치할 경우 방수형으로 할 것

설치 장소		적응 열감지기									비고
환경 상태	적응 장소	차동식스포트형		차동식분포형		보상식스포트형		정온식		열아날로그식	불꽃감지기	
		1종	2종	1종	2종	1종	2종	특종	1종			
부식성가스가 발생할 우려가 있는 장소	도금공장, 축전지실, 오수처리장 등	×	×	○	○	○	○	○	×	○	○	1. 차동식분포형감지기를 설치하는 경우에는 감지부가 피복되어 있고 검출부가 부식성가스에 영향을 받지 않는것 또는 검출부에 부식성가스가 침입하지 않도록 조치할 것. 2. 보상식스포트형감지기, 정온식감지기 또는 열아날로그식스포트형감지기를 설치하는 경우에는 부식성가스의 성상에 반응하지 않는 내산형 또는 내알칼리형으로 설치할 것
주방, 기타 평상시에 연기가 체류하는 장소	주방, 조리실, 용접작업장 등	×	×	×	×	×	×	○	○	○	○	1. 주방, 조리실 등 습도가 많은 장소에는 방수형 감지기를 설치할 것. 2. 불꽃감지기는 UV/IR형을 설치할 것
현저하게 고온으로 되는 장소	건조실, 살균실, 보일러실, 주조실, 영사실, 스튜디오	×	×	×	×	×	×	○	○	○	×	
배기가스가 다량으로 체류하는 장소	주차장, 차고, 화물취급소 차로, 자가발전실, 트럭터미널, 엔진시험실	○	○	○	○	○	○	×	×	○	○	1. 불꽃감지기에 따라 감시가 곤란한 장소는 적응성이 있는 열감지기를 설치할 것. 2. 열아날로그식스포트형감지기는 화재표시 설정이 60℃ 이하가 바람직하다.

설치 장소		적응 열감지기								불꽃감지기	비고
환경상태	적응장소	차동식스포트형		차동식분포형		보상식스포트형		정온식	열아날로그식		
		1종	2종	1종	2종	1종	2종	특종	1종		
연기가 다량으로 유입할 우려가 있는 장소	음식물배급실, 주방전실, 주방내 식품 저장실, 음식물 운반용 엘리베이터, 주방주변의 복도 및 통로, 식당 등	○	○	○	○	○	○	○	○	×	1. 고체연료 등 가연물이 수납되어 있는 음식물배급실, 주방전실에 설치하는 정온식감지기는 특종으로 설치할 것 2. 주방주변의 복도 및 통로, 식당 등에는 정온식감지기를 설치하지 말 것 3. 제1호 및 제2호의 장소에 열아날로그식스포트형감지기를 설치하는 경우에는 화재표시 설정을 60℃ 이하로 할 것.
물방울이 발생하는 장소	스레트 또는 철판으로 설치한 지붕 창고·공장, 패키지형냉각기전용수납실, 밀폐된 지하창고, 냉동실 주변 등	×	×	○	○	○	○	○	○	○	1. 보상식스포트형감지기, 정온식감지기 또는 열아날로그식 스포트형감지기를 설치하는 경우에는 방수형으로 설치할 것. 2. 보상식스포트형감지기는 급격한 온도변화가 없는 장소에 한하여 설치할 것. 3. 불꽃감지기를 설치하는 경우에는 방수형으로 설치할 것
불을 사용하는 설비로서 불꽃이 노출되는 장소	유리공장, 용선로가 있는 장소, 용접실, 주방, 작업장, 주방, 주조실 등	×	×	×	×	×	×	○	○	×	

주) 1. "○"는 당해 설치장소에 적응하는 것을 표시, "×"는 당해 설치장소에 적응하지 않는 것을 표시
2. 차동식스포트형, 차동식분포형 및 보상식스포트형 1종은 감도가 예민하기 때문에 비화재보 발생은 2종에 비해 불리한 조건이라는 것을 유의할 것
3. 차동식분포형 3종 및 정온식 2종은 소화설비와 연동하는 경우에 한해서 사용 할 것
4. 다신호식감지기는 그 감지기가 가지고 있는 종별, 공칭작동온도별로 따르지 말고 상기 표에 따른 적응성이 있는 감지기로 할 것

ⓒ 설치장소별 감지기의 적응성[표 2.4.6(2)]

환경상태	적응장소	적응열감지기					적응연기감지기						불꽃감지기	비고
		차동식스포트형	차동식분포형	보상식스포트형	정온식	열아날로그식	이온화식스포트형	광전식스포트형	이온아날로그식스포트형	광전아날로그식스포트형	광전식분리형	광전아날로그식분리형		
1. 흡연에 의해 연기가 체류하며 환기가 되지 않는 장소	회의실, 응접실, 휴게실, 노래연습실, 오락실, 다방, 음식점, 대합실, 카바레 등의 객실, 집회장, 연회장 등	○	○	○	–	–	–	◎	–	◎	○	○	–	
2. 취침시설로 사용하는 장소	호텔 객실, 여관, 수면실 등	–	–	–	–	–	◎	◎	◎	◎	○	○	–	
3. 연기이외의 미분이 떠다니는 장소	복도, 통로 등	–	–	–	–	–	◎	◎	◎	◎	○	○	○	
4. 바람에 영향을 받기쉬운 장소	로비, 교회, 관람장, 옥탑에 있는 기계실	–	○	–	–	–	◎	–	◎	○	○	○	–	
5. 연기가 멀리 이동해서 감지기에 도달하는 장소	계단, 경사로	–	–	–	–	–	–	○	–	○	○	○	–	광전식스포트형감지기 또는 광전아날로그식스포트형감지기를 설치하는 경우에는 당해 감지기회로에 축적기능을 갖지않는 것으로 할 것.
6. 훈소화재의 우려가 있는 장소	전화기기실, 통신기기실, 전산실, 기계제어실	–	–	–	–	–	–	○	–	○	○	○	–	

| 7. 넓은 공간으로 천장이 높아 열 및 연기가 확산하는 장소 | 체육관, 항공기 격납고, 높은 천장의 창고·공장, 관람석 상부 등 감지기 부착 높이가 8m 이상의 장소 | - | ○ | - | - | - | - | - | - | ○ | ○ | ○ |

주) 1. "○"는 당해 설치장소에 적응하는 것을 표시
    2. "◎" 당해 설치장소에 연감지기를 설치하는 경우에는 당해 감지회로에 축적기능을 갖는 것을 표시
    3. 차동식스포트형, 차동식분포형, 보상식스포트형 및 연기식(당해 감지기회로에 축적 기능을 갖지않는 것)1종은 감도가 예민하기 때문에 비화재보 발생은 2종에 비해 불리한 조건이라는 것을 유의할 것
    4. 차동식분포형 3종 및 정온식 2종은 소화설비와 연동하는 경우에 한해서 사용 할 것
    5. 광전식분리형감지기는 평상시 연기가 발생하는 장소 또는 공간이 협소한 경우에는 적응성이 없음
    6. 넓은 공간으로 천장이 높아 열 및 연기가 확산하는 장소로서 차동식분포형 또는 광전식분리형 2종을 설치하는 경우에는 제조사의 사양에 따를 것
    7. 다신호식감지기는 그 감지기가 가지고 있는 종별, 공칭작동온도별로 따르고 표에 따른 적응성이 있는 감지기로 할 것
    8. 축적형감지기 또는 축적형중계기 혹은 축적형수신기를 설치하는 경우에는 제2.4에 따를 것

(3) 감지기 공통 설치기준(다만, 교차회로방식에 사용되는 감지기, 급속한 연소 확대가 우려되는 장소에 사용되는 감지기 및 축적기능이 있는 수신기에 연결하여 사용하는 감지기는 축적기능이 없는 것으로 설치)

① 감지기(차동식분포형의 것을 제외한다)는 실내로의 공기유입구로부터 1.5 m 이상 떨어진 위치에 설치할 것
② 감지기는 천장 또는 반자의 옥내에 면하는 부분에 설치할 것
③ 보상식스포트형감지기는 정온점이 감지기 주위의 평상시 최고온도보다 20 ℃ 이상 높은 것으로 설치할 것
④ 정온식감지기는 주방·보일러실 등으로서 다량의 화기를 취급하는 장소에 설치하되, 공칭작동온도가 최고주위온도보다 20 ℃ 이상 높은 것으로 설치할 것
⑤ 스포트형감지기는 45° 이상 경사되지 않도록 부착할 것
⑥ 차동식스포트형·보상식스포트형 및 정온식스포트형 감지기는 그 부착 높이 및 특정소방대상물에 따라 다음 표 2.4.3.5에 따른 바닥면적마다 1개 이상을 설치할 것

[표 2.4.3.5]
부착 높이 및 특정소방대상물의 구분에 따른 차동식·보상식·정온식 스포트형 감지기의 종류
(단위 : [m²])

부착높이 및 특정소방대상물의 구분		감지기의 종류(단위:m²)						
		차동식 스포트형		보상식 스포트형		정온식 스포트형		
		1종	2종	1종	2종	특종	1종	2종
4[m] 미만	내화구조	90	70	90	70	70	60	20
	기타구조	50	40	50	40	40	30	15
4[m] 이상 8[m] 미만	내화구조	45	35	45	35	35	30	
	기타구조	30	25	30	25	25	15	

(4) 감지기 설치제외

① 천장 또는 반자의 높이가 20 m 이상인 장소. 다만, 2.4.1 단서의 감지기로서 부착 높이에 따라 적응성이 있는 장소는 제외한다.

② 헛간 등 외부와 기류가 통하는 장소로서 감지기에 따라 화재 발생을 유효하게 감지할 수 없는 장소

③ 부식성가스가 체류하고 있는 장소

④ 고온도 및 저온도로서 감지기의 기능이 정지되기 쉽거나 감지기의 유지관리가 어려운 장소

⑤ 목욕실·욕조나 샤워시설이 있는 화장실·기타 이와 유사한 장소

⑥ 파이프덕트 등 그 밖의 이와 비슷한 것으로서 2개 층마다 방화구획된 것이나 수평단면적이 5 m² 이하인 것

⑦ 먼지·가루 또는 수증기가 다량으로 체류하는 장소 또는 주방 등 평상시 연기가 발생하는 장소(연기감지기에 한한다)

⑧ 프레스공장·주조공장 등 화재 발생의 위험이 적은 장소로서 감지기의 유지관리가 어려운 장소

(5) 열감지기

① 차동식 스포트형 감지기

　㉠ 정의 : 주위온도가 일정 상승율 이상이 되는 경우에 작동하는 것으로서 일국소에서의 열효과에 의하여 작동되는 것을 말한다.

　㉡ 종류 및 특징

　　ⓐ 공기팽창 이용방식

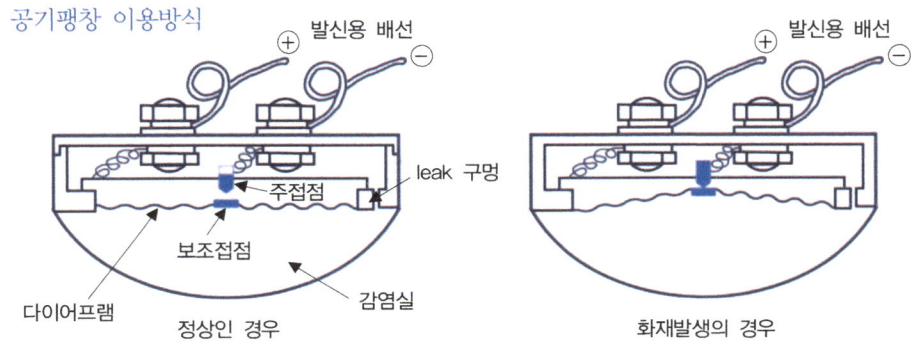

㉮ 구조 : 감열부, 리크구멍, 다이어프램, 접점 등
㉯ 동작원리 : 화재발생 → 온도상승 → 감열실 내 공기팽창 → 다이어프램 밀어올림
 → 접점 → 전기회로 구성 → 화재 신호 송신
㉰ 리크구멍 설치목적 : 비화재보(감지기 오동작) 방지

ⓑ 열기전력 이용

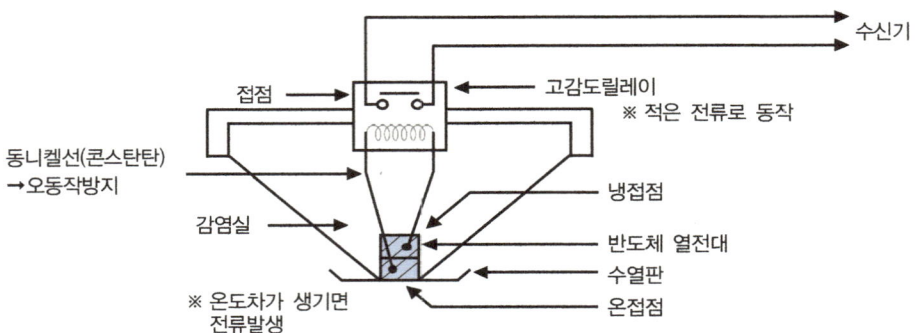

㉮ 구조 : 온접점, 냉접점, 고감도릴레이, 열반도체, 감열실 등
㉯ 동작원리 : 화재발생 → 온도상승 → 감열실내 반도체에서 열기전력 발생 → 고감도 릴레이 작동 → 화재 신호 송신

ⓒ 열반도체 이용
동작원리 : 화재발생 → 온도상승 → 저항 감소, 전류 증가 → 화재 신호 송신

② 차동식 분포형 감지기
㉠ 정의 : 주위온도가 일정 상승율 이상이 되는 경우에 작동하는 것으로서 넓은 범위 내에서의 열 효과의 누적에 의하여 작동되는 것을 말한다.
㉡ 종류 및 특징
ⓐ 공기관식

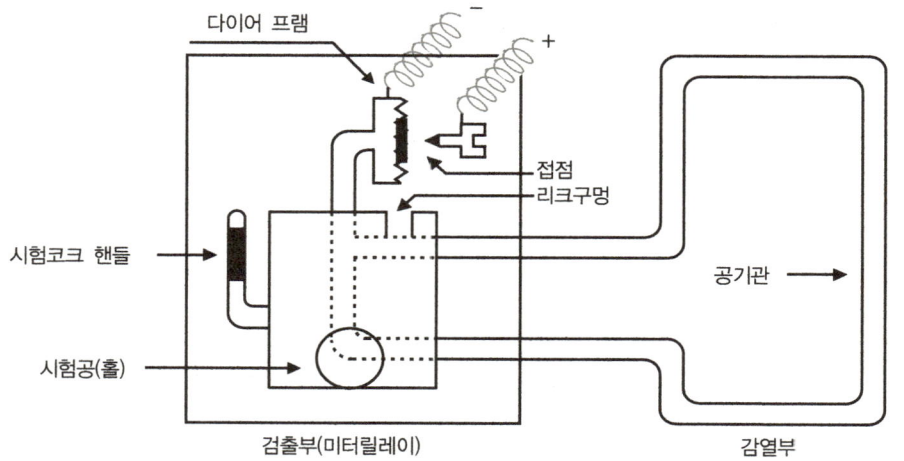

㉮ 동작원리 : 화재발생 → 공기관 온도상승으로 공기관내 공기팽창 → 검출부 내 다이어프램 밀어올림 → 접점 → 화재 신호 송신

㉯ 설치기준

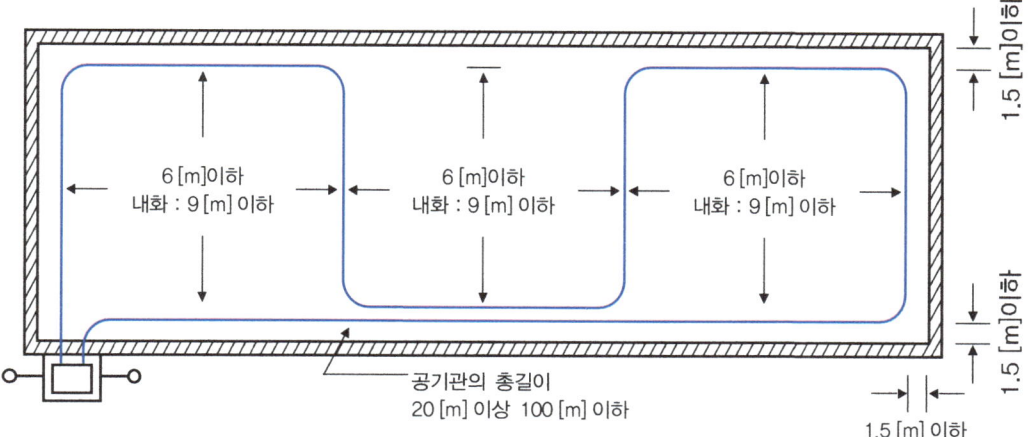

ㄱ. 공기관의 노출 부분은 감지구역마다 20 m 이상이 되도록 할 것

ㄴ. 공기관과 감지구역의 각 변과의 수평거리는 1.5 m 이하가 되도록 하고, 공기관 상호 간의 거리는 6 m(주요구조부가 내화구조로 된 특정소방대상물 또는 그 부분에 있어서는 9 m) 이하가 되도록 할 것

ㄷ. 공기관은 도중에서 분기하지 않도록 할 것

ㄹ. 하나의 검출 부분에 접속하는 공기관의 길이는 100 m 이하로 할 것

ㅁ. 검출부는 5° 이상 경사되지 않도록 부착할 것

ㅂ. 검출부는 바닥으로부터 0.8 m 이상 1.5 m 이하의 위치에 설치할 것

㉰ 형식승인 및 제품검사의 기술기준(공기관)

공기관의 두께는 0.3 mm 이상, 바깥지름은 1.9 mm 이상

ⓐ 분포형 공기관식 감지기 시험방법

㉮ 화재작동시험

ㄱ. 감지기의 작동공기압에 상당하는 공기량을 송입하여 접점이 작동하기(붙을때)까지 걸리는 시간 측정할 것

ㄴ. 검출부에 명시된 시간 내 접점이 작동하면 정상

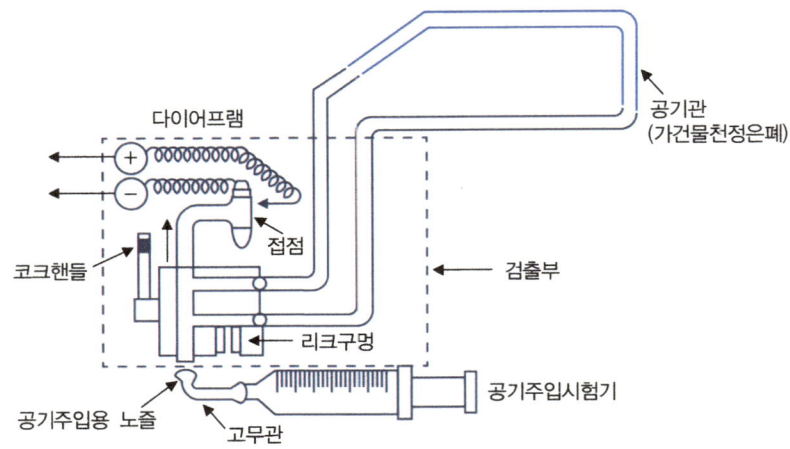

㉯ 작동계속시험
ㄱ. 화재작동시험에서 접점이 작동하여 정지할(떨어질) 때 까지 걸리는 시간 측정할 것
ㄴ. 검출부에 명시된 범위 이내일 때 정상

㉰ 유통시험
ㄱ. 공기관내 공기를 유입시켜 공기관의 누설, 찌그러짐, 막힘, 공기관의 길이 확인하기 위한 시험
ㄴ. 검출부의 시험공 또는 공기관의 한쪽 끝을 마노미터로 접속하고, 공기주입시험기를 접속하고, 공기를 마노미터 수위 100㎜까지 상승 후 50㎜ 될 때 까지 시간 측정할 것
ㄷ. 공기관 길이에 따라 정해진 시간이내 정상

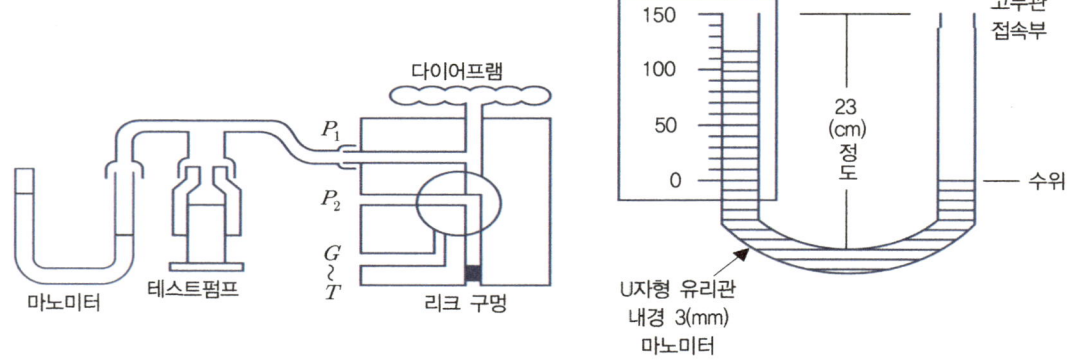

ㄹ. 유통시험에 필요한 기구 3가지 : 마노미터, 공기주입시험기, 초시계

㉱ 접점수고(압력)시험
ㄱ. 접점수고치가 적정 간격을 유지하고 있는 여부를 확인
ㄴ. 접점수고치가 규정 이상으로 된 경우 감지기 작동이 늦어진다.

ⓑ 열전대식

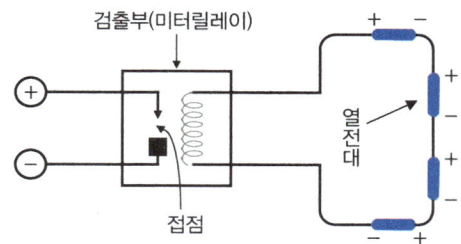

㉮ 동작원리 : 화재발생 → 천장면에 설치된 열전대부 온도상승 → 열기전력 발생 → 미터릴레이 작동 → 접점 → 화재 신호 송신

㉯ 설치기준

특정소방대상물	1개 감지면적
내화구조	22[m²]
기타구조	18[m²]

ㄱ. 열전대부는 감지구역의 바닥면적 18 m²(주요구조부가 내화구조로 된 특정소방대상물에 있어서는 22 m²)마다 1개 이상으로 할 것. 다만, 바닥면적이 72 m²(주요구조부가 내화구조로 된 특정소방대상물에 있어서는 88 m²) 이하인 특정소방대상물에 있어서는 4개 이상으로 해야 한다.

ㄴ. 하나의 검출부에 접속하는 열전대부는 20개 이하로 한다.

ⓒ 열반도체식

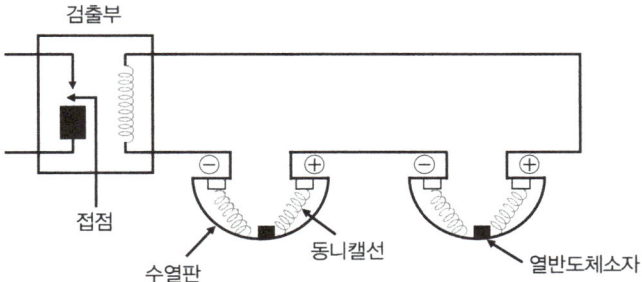

㉮ 동작원리 : 화재발생 → 열반도채 소자에 온도차로 인한 열기전력 발생 → 미터릴레이 작동 → 접점 → 화재 신호 송신

㉯ 설치기준

ㄱ. 감지부는 그 부착 높이 및 특정소방대상물에 따라 다음 표 2.4.3.9.1에 따른 바닥면적마다 1개 이상으로 할 것. 다만, 바닥면적이 다음 표 2.4.3.9.1에 따른 면적의 2배 이하인 경우에는 2개(부착높이가 8 m 미만이고, 바닥면적이 다음 표 2.4.3.9.1에 따른 면적 이하인 경우에는 1개) 이상으로 해야 한다.

[표 2.4.3.9.1] 부착 높이 및 특정소방대상물의 구분에 따른 열반도체식
차동식분포형 감지기의 종류   (단위 : [㎡])

부착높이 및 특정소방대상물의 구분		감지기의 종류(단위:㎡)	
		1종	2종
8[m] 미만	내화구조	65	36
	기타구조	40	23
8[m] 이상 15[m] 미만	내화구조	50	26
	기타구조	30	23

ㄴ. 하나의 검출기에 접속하는 감지부는 2개 이상 15개 이하가 되도록 한다.

③ 정온식 스포트형 감지기
  ㉠ 정의 : 일국소의 주위온도가 일정한 온도 이상이 되는 경우에 작동하는 것으로서 외관이 전선과 같이 선형으로 되어 있지 않은 것을 말한다.
  ㉡ 이용방식에 따른 종류
    ⓐ 바이메탈 활곡 이용방식
    ⓑ 바이메탈 반전 이용방식
    ⓒ 금속의 팽창계수차 이용방식
    ⓓ 액체 또는 치게 팽창 이용방식
    ⓔ 가용절연물을 이용방식
    ⓕ 열반도체 소자 이용방식
    ⓖ 금속의 용융 이용방식방식
  ㉢ 형식승인 및 제품검사의 기술기준(공칭작동온도)
    ⓐ 60℃에서 150℃까지의 범위
    ⓑ 60℃에서 80℃인 것은 5℃ 간격으로, 80℃ 이상인 것은 10℃ 간격

④ 정온식 감지선형 감지기

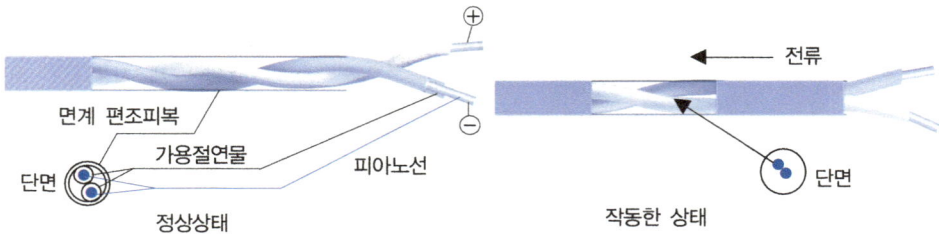

  ㉠ 정의 : 일국소의 주위온도가 일정한 온도 이상이 되는 경우에 작동하는 것으로서 외관이 전선으로 되어 있는 것을 말한다.
  ㉡ 설치기준
    ⓐ 보조선이나 고정금구를 사용하여 감지선이 늘어지지 않도록 설치할 것
    ⓑ 단자부와 마감 고정금구와의 설치간격은 10㎝ 이내로 설치할 것
    ⓒ 감지선형 감지기의 굴곡반경은 5㎝ 이상으로 할 것

ⓓ 감지기와 감지구역의 각부분과의 수평거리가 내화구조의 경우 1종 4.5m 이하, 2종 3m 이하로 할 것. 기타 구조의 경우 1종 3m 이하, 2종 1m 이하로 할 것
  ⓔ 케이블트레이에 감지기를 설치하는 경우에는 케이블트레이 받침대에 마감금구를 사용하여 설치할 것
  ⓕ 지하구나 창고의 천장 등에 지지물이 적당하지 않은 장소에서는 보조선을 설치하고 그 보조선에 설치할 것
  ⓖ 분전반 내부에 설치하는 경우 접착제를 이용하여 돌기를 바닥에 고정시키고 그곳에 감지기를 설치할 것
  ⓗ 그 밖의 설치방법은 형식승인 내용에 따르며 형식승인 사항이 아닌 것은 제조사의 시방서에 따라 설치할 것
 ㉢ 형식승인 및 제품검사의 기술기준(공칭작동온도)
  ⓐ 공칭작동온도가 80 ℃ 이하인 것은 백색
  ⓑ 공칭작동온도가 80 ℃ 이상 120 ℃ 이하인 것은 청색
  ⓒ 공칭작동온도가 120 ℃ 이상인 것은 적색
⑤ 보상식 스포트형 감지기
 ㉠ 정의 : 차동식 스포트형과 정온식 스포트형의 성능을 겸한 것으로서 둘 중 어느 한 기능이 작동되면 작동신호를 발하는 것

(6) 연기감지기

① 연기감지기 설치장소 (교차회로방식에 따른 감지기가 설치된 장소 또는 부착높이에 따른 감지기 표 단서에 따른 감지기가 설치된 장소에는 그렇지 않다.)
 ㉠ 계단·경사로 및 에스컬레이터 경사로
 ㉡ 복도(30m 미만의 것을 제외)
 ㉢ 엘리베이터 승강로(권상기실이 있는 경우에는 권상기실)·린넨슈트·파이프 피트 및 덕트 기타 이와 유사한 장소
 ㉣ 천장 또는 반자의 높이가 15[m] 이상 20[m] 미만의 장소
 ㉤ 다음의 어느 하나에 해당하는 특정소방대상물의 취침·숙박·입원 등 이와 유사한 용도로 사용되는 거실
  ⓐ 공동주택·오피스텔·숙박시설·노유자시설·수련시설
  ⓑ 교육연구시설 중 합숙소
  ⓒ 의료시설, 근린생활시설 중 입원실이 있는 의원·조산원
  ⓓ 교정 및 군사시설
  ⓔ 근린생활시설 중 고시원
② 연기감지기 설치기준
 ㉠ 연기감지기의 부착 높이에 따라 다음 표 2.4.3.10.1에 따른 바닥면적마다 1개 이상으로 할 것

[표 2.4.3.1.10.1] 부착높이에 따른 연기감지기의 종류

(단위 : [m²])

부착높이	감지기의 종류	
	1종 및 2종	3종
4[m] 미만	150	50
4[m] 이상 20[m] 미만	75	-

ⓛ 감지기는 복도 및 통로에 있어서는 보행거리 30m(3종에 있어서는 20m)마다, 계단 및 경사로에 있어서는 수직거리 15m(3종에 있어서는 10m)마다 1개 이상으로 할 것

ⓒ 천장 또는 반자가 낮은 실내 또는 좁은 실내에 있어서는 출입구의 가까운 부분에 설치할 것

ⓔ 천장 또는 반자부근에 배기구가 있는 경우에는 그 부근에 설치할 것

ⓜ 감지기는 벽 또는 보로부터 0.6m 이상 떨어진 곳에 설치할 것

③ 이온화식 스포트형 감지기

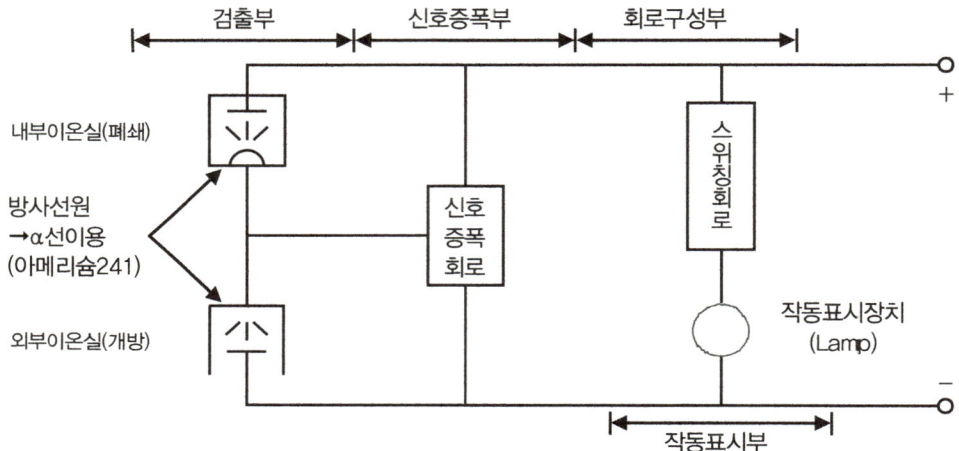

㉠ 정의 : 주위의 공기가 일정한 농도의 연기를 포함하게 되는 경우에 작동하는 것으로서 일국소의 연기에 의하여 이온전류가 변화하여 작동하는 것

ⓛ 동작원리 : 공기 이온화를 위해 방사선물질 α선(아메리슘 241) 투입 → 내부이온실과 외부이온실에 이온전류 발생 → 화재시 감지기내 연기투입 → 연기에 의해 이온전류 감소 → 화재 신호 송진

④ 광전식 스포트형 감지기

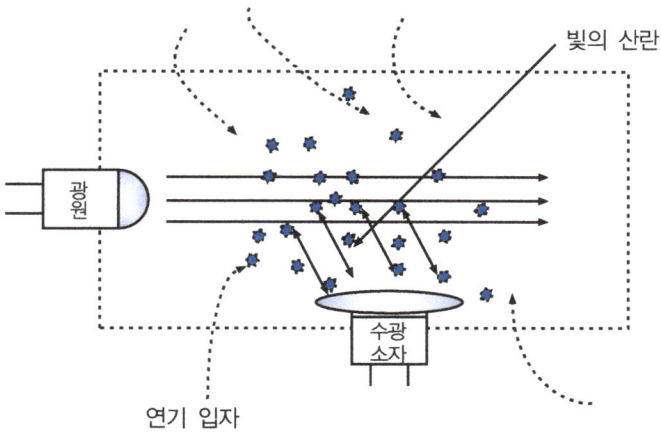

㉠ 정의 : 주위의 공기가 일정한 농도의 연기를 포함하게 되는 경우에 작동하는 것으로서 일국소의 연기에 의하여 광전소자에 접하는 광량의 변화로 작동하는 것
㉡ 동작원리 : 화재발생 → 감지기 내 연기투입 → 수광부의 광량 증가 → 화재 신호 송신

⑤ 광전식 분리형 감지기

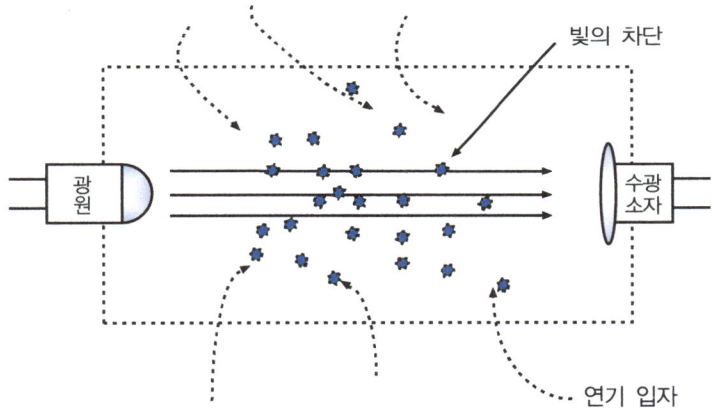

㉠ 정의 : 발광부와 수광부로 구성된 구조로 발광부와 수광부 사이의 공간에 일정한 농도의 연기를 포함하게 되는 경우에 작동하는 것
㉡ 동작원리 : 화재발생 → 감지기 내 연기투입 → 수광부의 광량 감소 → 화재 신호 송신
㉢ 설치기준

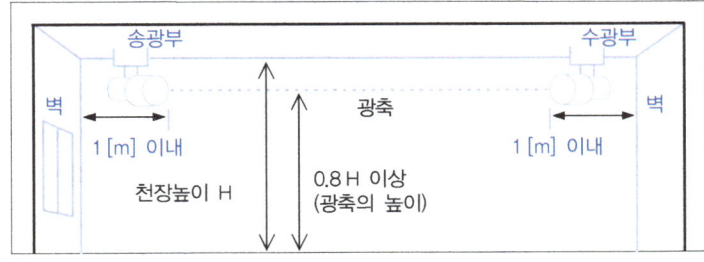

ⓐ 감지기의 수광면은 햇빛을 직접 받지 않도록 설치할 것
ⓑ 광축(송광면과 수광면의 중심을 연결한 선)은 나란한 벽으로부터 0.6 m 이상 이격하여 설치할 것
ⓒ 감지기의 송광부와 수광부는 설치된 뒷벽으로부터 1 m 이내의 위치에 설치할 것
ⓓ 광축의 높이는 천장 등(천장의 실내에 면한 부분 또는 상층의 바닥하부면을 말한다) 높이의 80 % 이상일 것
ⓔ 감지기의 광축의 길이는 공칭감시거리 범위 이내일 것

⑥ 공기흡입형 감지기

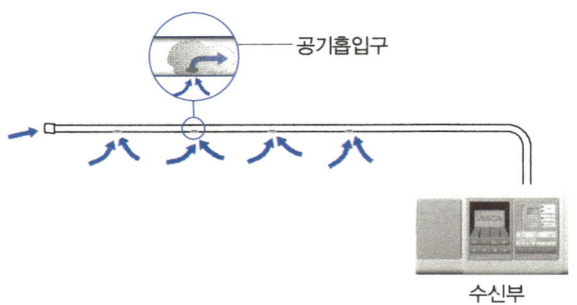

㉠ 정의 : 감지기 내부에 장착된 공기흡입장치로 감지하고자 하는 위치의 공기를 흡입하고 흡입된 공기에 일정한 농도의 연기가 포함된 경우 작동하는 것
㉡ 동작원리 : 흡입기를 통해 연기흡입 → 수신부로 연기투입 → 수신부 내 다이오드 작동(빛 E → 전기E) → 화재 신호 송신
㉢ 설치장소 : 전산실 또는 반도체 공장

(7) 불꽃감지기

① 설기치준
㉠ 공칭감시거리 및 공칭시야각은 형식승인 내용에 따를 것
㉡ 감지기는 공칭감시거리와 공칭시야각을 기준으로 감시구역이 모두 포용될 수 있도록 설치할 것
㉢ 감지기는 화재감지를 유효하게 감지할 수 있는 모서리 또는 벽 등에 설치할 것
㉣ 감지기를 천장에 설치하는 경우에는 감지기는 바닥을 향하여 설치할 것
㉤ 수분이 많이 발생할 우려가 있는 장소에는 방수형으로 설치할 것

② 종류
㉠ 불꽃 자외선식 감지기 : 불꽃에서 방사되는 자외선의 변화가 일정량 이상 되었을 때 작동하는 것으로서 일국소의 자외선에 의하여 수광소자의 수광량 변화에 의해 작동하는 것
㉡ 불꽃 적외선식 감지기 : 불꽃에서 방사되는 적외선의 변화가 일정량 이상 되었을 때 작동하는 것으로서 일국소의 적외선에 의하여 수광소자의 수광량 변화에 의해 작동하는 것
㉢ 불꽃 자외선 적외선 겸용식 감지기 : 불꽃에서 방사되는 불꽃의 변화가 일정량 이상 되었을 때 작동하는 것으로서 자외선 또는 적외선에 의한 수광소자의 수광량 변화에 의하여

1개의 화재신호를 발신하는 것
ⓔ 불꽃 영상분석식 감지기 : 불꽃의 실시간 영상이미지를 자동 분석하여 화재신호를 발신하는 것

04 발신기

수동누름버턴 등의 작동으로 화재 신호를 수신기에 발신하는 장치를 말한다.

(1) 발신기의 구분 : 발신기는 설치장소에 따라 옥외형과 옥내형으로, 방폭구조 여부에 따라 방폭형 및 비방폭형으로, 방수성 유무에 따라 방수형 및 비방수형으로 구분

(2) 설치기준

① 조작이 쉬운 장소에 설치하고, 스위치는 바닥으로부터 0.8m 이상 1.5m 이하의 높이에 설치할 것

② 특정소방대상물의 층마다 설치하되, 해당 층의 각 부분으로부터 하나의 발신기까지의 수평거리가 25 m 이하가 되도록 할 것. 다만, 복도 또는 별도로 구획된 실로서 보행거리가 40 m 이상일 경우에는 추가로 설치해야 한다.

③ ②에도 불구하고 ②의 기준을 초과하는 경우로서 기둥 또는 벽이 설치되지 아니한 대형공간의 경우 발신기는 설치대상 장소의 가장 가까운 장소의 벽 또는 기둥 등에 설치할 것

④ 발신기의 위치를 표시하는 표시등은 함의 상부에 설치하되, 그 불빛은 부착면으로부터 15° 이상의 범위 안에서 부착지점으로부터 10 m 이내의 어느 곳에서도 쉽게 식별할 수 있는 적색등으로 해야 한다.

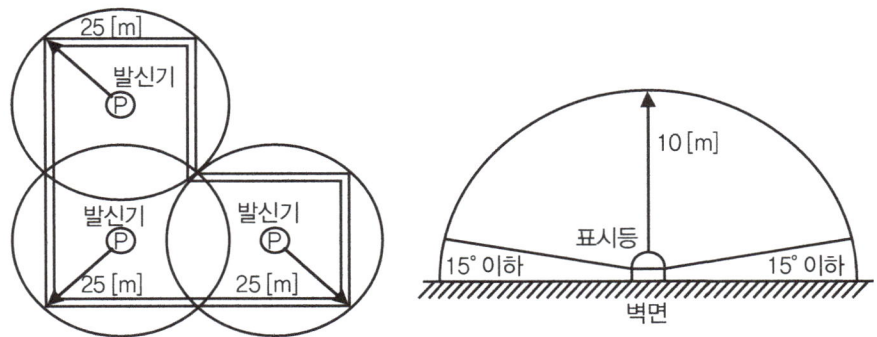

(3) 형식승인 및 제품검사의 기술기준(발신기의 구조)

① 외함은 불연성 또는 난연성 재질로 만들어져야 한다.

② 발신기의 외함에 강판을 사용하는 경우에는 다음에 기재된 두께 이상의 강판을 사용하여야 한다. 다만, 합성수지를 사용하는 경우에는 강판의 2.5배 이상의 두께이어야 한다.

㉠ 외함 1.2㎜ 이상

㉡ 직직접 벽면에 접하여 벽속에 매립되는 외함의 부분은 1.6 ㎜ 이상

05 경계구역

특정소방대상물 중 화재신호를 발신하고 그 신호를 수신 및 유효하게 제어할 수 있는 구역

(1) 수평적 경계구역
① 하나의 경계구역이 2개 이상의 건축물에 미치지 아니하도록 할 것
② 하나의 경계구역이 2개 이상의 층에 미치지 아니하도록 할 것. 다만, 500㎡ 이하의 범위 안에서는 2개의 층을 하나의 경계구역으로 할 수 있다.
③ 하나의 경계구역의 면적은 600㎡ 이하로 하고 한 변의 길이는 50m 이하로 할 것. 다만, 해당 특정소방대상물의 주된 출입구에서 그 내부 전체가 보이는 것에 있어서는 한 변의 길이가 50m의 범위 내에서 1,000㎡ 이하로 할 수 있다.

(2) 수직적 경계구역
① 계단·경사로(에스컬레이터경사로 포함)·엘리베이터 승강로(권상기실이 있는 경우에는 권상기실)·린넨슈트·파이프 피트 및 덕트 기타 이와 유사한 부분에 대하여는 별도로 경계구역을 설정한다.
② 계단 및 경사로의 경우 하나의 경계구역은 높이 45m 이하로 한다.
③ 지하층의 계단 및 경사로(지하층의 층수가 1일 경우는 제외)는 별도로 하나의 경계구역으로 해야 한다.

(3) 기타 기준
① 외기에 면하여 상시 개방된 부분이 있는 차고·주차장·창고 등에 있어서는 외기에 면하는 각 부분으로부터 5m 미만의 범위 안에 있는 부분은 경계구역의 면적에 산입하지 않는다.
② 스프링클러설비·물분무등소화설비 또는 제연설비의 화재감지장치로서 화재감지기를 설치한 경우의 경계구역은 해당 소화설비의 방호구역 또는 제연구역과 동일하게 설정할 수 있다.

06 수신기

감지기나 발신기에서 발하는 화재신호를 직접 수신하거나 중계기를 통하여 수신하여 화재의 발생을 표시 및 경보하여 주는 장치를 말한다.

(1) 수신기 종류
① P형·R형 수신기

구분	P형	R형
전송방식	1:1 접점방식 (개별신호방식)	다중전송방식
신호종류	공통신호	고유신호
화재표시	적색 램프 점등	디지털 표시(LCD)
설치장소	소형 건물	대형 건물
유지관리	선로수가 많고 수신기의 자가진단기능이 없어 유지관리가 어렵다.	선로수가 적고 수신기의 자가진단기능이 있어 고장 등을 자동으로 표시하므로 유지관리가 쉽다.

회로 증설 및 신설	어렵다	쉽다.

② 기타 수신기

 ㉠ GP형수신기 : P형수신기의 기능 + 가스누설경보기의 수신부 기능

 ㉡ GR형수신기 : R형수신기의 기능 + 가스누설경보기의 수신부 기능

 ㉢ 방폭형 : 폭발성가스가 용기내부에서 폭발하였을때 용기가 그 압력에 견디거나 또는 외부의 폭발성가스에 인화될 우려가 없도록 만들어진 형태의 제품

 ㉣ 방수형 : 그 구조가 방수구조로 되어 있는 것

 ㉤ P형복합식수신기 : P형 수신기의 기능 + 자동소화설비의 제어반 기능

 ㉥ R형복합식수신기 : R형 수신기의 기능 + 자동소화설비의 제어반 기능

 ㉦ GP형복합식수신기 : P형 복합식수신기의 기능 + 가스누설경보기의 수신부 기능

 ㉧ GR형복합식수신기 : R형 복합식수신기의 기능 + 가스누설경보기의 수신부 기능

(2) 적합기준

 ① 해당 특정소방대상물의 경계구역을 각각 표시할 수 있는 회선 수 이상의 수신기를 설치할 것

 ② 해당 특정소방대상물에 가스누설탐지설비가 설치된 경우에는 가스누설탐지설비로부터 가스누설신호를 수신하여 가스누설경보를 할 수 있는 수신기를 설치할 것(가스누설탐지설비의 수신부를 별도로 설치한 경우에는 제외한다)

(3) 설치기준

 ① 수위실 등 상시 사람이 근무하는 장소에 설치할 것. 다만, 사람이 상시 근무하는 장소가 없는 경우에는 관계인이 쉽게 접근할 수 있고 관리가 용이한 장소에 설치할 수 있다.

 ② 수신기가 설치된 장소에는 경계구역 일람도를 비치할 것. 다만, 모든 수신기와 연결되어 각 수신기의 상황을 감시하고 제어할 수 있는 수신기(이하 "주수신기"라 한다)를 설치하는 경우에는 주수신기를 제외한 기타 수신기는 그렇지 않다.

 ③ 수신기의 음향기구는 그 음량 및 음색이 다른 기기의 소음 등과 명확히 구별될 수 있는 것으로 할 것

 ④ 수신기는 감지기·중계기 또는 발신기가 작동하는 경계구역을 표시할 수 있는 것으로 할 것

 ⑤ 화재·가스 전기등에 대한 종합방재반을 설치한 경우에는 해당 조작반에 수신기의 작동과 연동하여 감지기·중계기 또는 발신기가 작동하는 경계구역을 표시할 수 있는 것으로 할 것

 ⑥ 하나의 경계구역은 하나의 표시등 또는 하나의 문자로 표시되도록 할 것

 ⑦ 수신기의 조작 스위치는 바닥으로부터의 높이가 0.8 m 이상 1.5 m 이하인 장소에 설치할 것

 ⑧ 하나의 특정소방대상물에 2 이상의 수신기를 설치하는 경우에는 수신기를 상호 간 연동하여 화재발생 상황을 각 수신기마다 확인할 수 있도록 할 것

 ⑨ 화재로 인하여 하나의 층의 지구음향장치 또는 배선이 단락되어도 다른 층의 화재통보에 지장이 없도록 각 층 배선 상에 유효한 조치를 할 것

(4) 축적형 수신기 설치장소
① 특정소방대상물 또는 그 부분이 지하층·무창층 등으로서 환기가 잘되지 아니하는 곳
② 실내면적이 40㎡ 미만인 장소
③ 감지기의 부착면과 실내바닥과의 거리가 2.3m 이하인 장소
③ 축적형 수신기 설치제외 경우 : 적응성있는 감지기(불꽃감지기, 정온식감지선형감지기, 분포형감지기, 복합형감지기, 광전식분리형감지기, 아날로그방식의 감지기, 다신호방식의 감지기, 축적방식의 감지기)를 설치하는 경우

(5) P형 수신기 기능시험
① 화재표시작동시험
  ㉠ 정의 : 화재 시 수신기의 화재표시등 및 지구표시등의 점등, 음향장치의 명동을 확인하는 시험
  ㉡ 시험방법
    ⓐ 동작시험스위치 + 자동복구스위치를 누름
    ⓑ 회로선택스위치를 차례로 돌려 각 회로마다 확인
② 동시작동시험
  ㉠ 정의 : 감지기 2회로 이상 작동 시 수신기의 기능에 이상이 있는지 확인하는 시험
  ㉡ 시험방법
    ⓐ 동작시험스위치를 누름
    ⓑ 회로선택스위치를 차례로 돌려 5회선을 선택
③ 회로도통시험
  ㉠ 정의 : 감지기 회로의 단선·단락 등 접속 상태에 이상이 있는지 확인하는 시험
  ㉡ 시험방법
    ⓐ 도통시험스위치를 누름
    ⓑ 회로선택스위치를 차례로 돌림
    ⓒ 전압계의 지시상태가 녹색부분(약 4V정도)을 가리키면 정상, 적색부분(24V)을 가르키면 단락, (0V)지점에서 움직이지 않으면 단선
④ 공통선시험
  ㉠ 정의 : 하나의 공통선이 담당하고 있는 경계구역 수를 확인하는 시험
  ㉡ 시험방법
    ⓐ 수신기 내부단자에서 조사할 경계구역의 공통선 분리
    ⓑ 회로선택스위치를 차례로 돌려 단선으로 표시되는 회선수 파악
    ⓒ 공통선이 담당하고 있는 경계구역의 수가 7회선 이하이면 정상
⑤ 예비전원시험
  ㉠ 정의 : 정전 시 상용전원에서 예비전원으로 자동전환, 복구 시 예비전원에서 상용전원으로 자동전환 되는지 여부를 파악하는 시험

ⓛ 시험방법
  ⓐ 예비전원스위치를 누름
  ⓑ 전압이 DC24[V]를 지시하고, 릴레이가 정상적으로 작동하면 정상
⑥ 저전압시험
  ㉠ 정의 : 전원전압이 낮은 상태에서도 수신기의 기능이 유지되는지 여부를 파악하는 시험
  ㉡ 시험방법
    ⓐ 전압시험기나 가변저항기를 이용하여 전압을 80% 이하로 맞춤
    ⓑ 화재표시작동시험에 준하여 시험을 실시
⑦ 회로저항시험
  ㉠ 정의 : 감지기회로의 1회선의 선로저항치가 수신기의 기능에 이상을 주는지 여부를 파악하는 시험
  ㉡ 시험방법
    ⓐ 수신기 단자에서 감지기 회로의 공통선과 지구선을 분리
    ⓑ 회로의 말단을 단락시켜 도통상태에서 선로의 저항을 측정
    ⓒ 하나의 감지기회로의 전로저항의 합성치가 50Ω 이하이어야 함
⑧ 형식승인 및 제품검사의 기술기준(구조 및 일반기능)
  ㉠ 부식에 의하여 기계적 기능에 영향을 줄 우려가 있는 부분은 칠, 도금 등으로 유효하게 내식가공을 하거나 방청가공을 하여야 하며, 전기적 기능에 영향이 있는 단자, 나사 및 와셔 등은 동합금이나 이와 동등이상의 내식성능이 있는 재질을 사용하여야 한다.
  ㉡ 외함은 불연성 또는 난연성 재질로 만들어져야 한다.
  ㉢ 극성이 있는 경우에는 오접속을 방지하기 위하여 필요한 조치를 하여야 한다.
  ㉣ 정격전압이 60 V를 넘는 기구의 금속제 외함에는 접지단자를 설치하여야 한다.
  ㉤ 예비전원회로에는 단락사고 등으로부터 보호하기 위한 퓨즈 등 과전류 보호장치를 설치하여야 한다.

07 중계기

감지기·발신기 또는 전기적인 접점 등의 작동에 따른 신호를 받아 이를 수신기에 전송하는 장치를 말한다.

(1) 설치기준
① 수신기에서 직접 감지기회로의 도통시험을 행하지 아니하는 것에 있어서는 수신기와 감지기 사이에 설치할 것
② 조작 및 점검에 편리하고 화재 및 침수 등의 재해로 인한 피해를 받을 우려가 없는 장소에 설치할 것
③ 수신기에 따라 감시되지 않는 배선을 통하여 전력을 공급받는 것에 있어서는 전원입력측의 배선에 과전류차단기를 설치하고 해당 전원의 정전이 즉시 수신기에 표시되는 것으로 하며, 상용전원 및 예비전원의 시험을 할 수 있도록 할 것

08 음향경보장치 및 시각경보기

(1) 경보방식 분류

① 일제경보방식 : 전층에 경보하는 방식

② 우선경보방식

　㉠ 대상 : 층수가 11층(공동주택의 경우에는 16층) 이상의 특정소방대상물

　㉡ 경보방식

	11층 이상 건축물 우선경보
2층 이상	발화층, 직상 4개층
1층	발화층, 직상 4개층, 지하층
지하층	발화층, 직상층, 기타 지하층

7층	경보					
6층	경보	경보				
5층	경보	경보	경보			
4층	경보	경보	경보			
3층	발화 경보	경보	경보			
2층		발화 경보	경보			
1층			발화 경보		경보	
지하1층				경보	발화 경보	경보
지하2층				경보	경보	경보
지하3층				경보	경보	발화 경보

(2) 음향경보장치 설치기준 및 성능

① 지구음향장치는 특정소방대상물의 층마다 설치하되, 해당 층의 각 부분으로부터 하나의 음향장치까지의 수평거리가 25 m 이하가 되도록 하고, 해당 층의 각 부분에 유효하게 경보를 발할 수 있도록 설치할 것. 다만, 「비상방송설비의 화재안전기술기준(NFTC 202)」에 적합한 방송설비를 자동화재탐지설비의 감지기와 연동하여 작동하도록 설치한 경우에는 지구음향장치를 설치하지 않을 수 있다.(기준을 초과하는 경우로서 기둥 또는 벽이 설치되지 아니한 대형공간의 경우 지구음향장치는 설치대상 장소의 가장 가까운 장소의 벽 또는 기둥 등에 설치할 것)

② 음향장치는 다음의 기준에 따른 구조 및 성능의 것으로 할 것

　㉠ 정격전압의 80 % 전압에서 음향을 발할 수 있는 것으로 할 것. 다만, 건전지를 주전원으로 사용하는 음향장치는 그렇지 않다.

　㉡ 음향의 크기는 부착된 음향장치의 중심으로부터 1 m 떨어진 위치에서 90 dB 이상이 되는 것으로 할 것

　㉢ 감지기 및 발신기의 작동과 연동하여 작동할 수 있는 것으로 할 것

(4) 시각경보장치 설치기준

① 복도·통로·청각장애인용 객실 및 공용으로 사용하는 거실(로비, 회의실, 강의실, 식당, 휴게실, 오락실, 대기실, 체력단련실, 접객실, 안내실, 전시실, 기타 이와 유사한 장소를 말한다)에 설치하며, 각 부분으로부터 유효하게 경보를 발할 수 있는 위치에 설치할 것

② 공연장·집회장·관람장 또는 이와 유사한 장소에 설치하는 경우에는 시선이 집중되는 무대부 부분 등에 설치할 것

③ 설치 높이는 바닥으로부터 2 m 이상 2.5 m 이하의 장소에 설치할 것. 다만, 천장의 높이가 2 m 이하인 경우에는 천장으로부터 0.15 m 이내의 장소에 설치해야 한다.

④ 시각경보장치의 광원은 전용의 축전지설비 또는 전기저장장치(외부 전기에너지를 저장해 두었다가 필요한 때 전기를 공급하는 장치)에 의하여 점등되도록 할 것. 다만, 시각경보기에 작동전원을 공급할 수 있도록 형식승인을 얻은 수신기를 설치한 경우에는 그렇지 않다.

⑤ 하나의 특정소방대상물에 2 이상의 수신기가 설치된 경우 어느 수신기에서도 지구음향장치 및 시각경보장치를 작동할 수 있도록 해야 한다.

09 전원

(1) 설치기준

① 상용전원은 전기가 정상적으로 공급되는 축전지설비, 전기저장장치(외부 전기에너지를 저장해 두었다가 필요한 때 전기를 공급하는 장치) 또는 교류전압의 옥내 간선으로 하고, 전원까지의 배선은 전용으로 할 것

② 개폐기에는 "자동화재탐지설비용"이라고 표시한 표지를 할 것

③ 자동화재탐지설비에는 그 설비에 대한 감시상태를 60분간 지속한 후 유효하게 10분 이상 경보할 수 있는 비상전원으로서 축전지설비(수신기에 내장하는 경우를 포함한다) 또는 전기저장장치(외부 전기에너지를 저장해 두었다가 필요한 때 전기를 공급하는 장치)를 설치해야 한다. 다만, 상용전원이 축전지설비인 경우 또는 건전지를 주전원으로 사용하는 무선식 설비인 경우에는 그렇지 않다.

10 배선

(1) 전원 회로 배선 및 감지기 회로 배선

① 설기치준

㉠ 전원회로의 배선은 내화배선에 따르고, 그 밖의 배선(감지기 상호간 또는 감지기로부터 수신기에 이르는 감지기회로의 배선을 제외한다)은 내화배선 또는 내열배선에 따라 설치할 것

㉡ 감지기 상호간 또는 감지기로부터 수신기에 이르는 감지기회로의 배선은 다음 각목의 기준에 따라 설치할 것.

ⓐ 아날로그식, 다신호식 감지기나 R형수신기용으로 사용되는 것은 전자파 방해를 받지 않는 실드선 등을 사용해야 하며, 광케이블의 경우에는 전자파 방해를 받지 아니하고 내열성능이 있는 경우 사용할 것. 다만, 전자파 방해를 받지 않는 방식의 경우에는 그렇지 않다.

ⓑ ⓐ목외의 일반배선을 사용할 때는 내화배선 또는 내열배선으로 사용 할 것

ⓒ 감지기회로의 도통시험을 위한 종단저항의 설치기준

　ⓐ 점검 및 관리가 쉬운 장소에 설치할 것
　ⓑ 전용함을 설치하는 경우 그 설치 높이는 바닥으로부터 1.5m 이내로 할 것
　ⓒ 감지기 회로의 끝부분에 설치하며, 종단감지기에 설치할 경우에는 구별이 쉽도록 해당감지기의 기판 및 감지기 외부 등에 별도의 표시를 할 것

ⓓ 감지기 사이의 회로의 배선은 송배전식으로 할 것

ⓔ 전원회로의 전로와 대지 사이 및 배선 상호간의 절연저항은 「전기사업법」에 따른 기술기준이 정하는 바에 의하고, 감지기회로 및 부속회로의 전로와 대지 사이 및 배선 상호간의 절연저항은 1경계구역마다 직류 250V의 절연저항측정기를 사용하여 측정한 절연저항이 0.1㏁ 이상이 되도록 할 것

ⓕ 자동화재탐지설비의 배선은 다른 전선과 별도의 관·덕트(절연효력이 있는 것으로 구획한 때에는 그 구획된 부분은 별개의 덕트로 본다)·몰드 또는 풀박스 등에 설치할 것. 다만, 60V 미만의 약 전류회로에 사용하는 전선으로서 각각의 전압이 같을 때에는 그러하지 아니하다.

ⓖ 피(P)형 수신기 및 지피(G.P.)형 수신기의 감지기 회로의 배선에 있어서 하나의 공통선에 접속할 수 있는 경계구역은 7개 이하로 할 것

ⓗ 자동화재탐지설비의 감지기회로의 전로저항은 50Ω 이하가 되도록 하여야 하며, 수신기의 각 회로별 종단에 설치되는 감지기에 접속되는 배선의 전압은 감지기 정격전압의 80% 이상이어야 할 것

② 연결방식 종류

　㉠ 송배전방식 : 도통시험을 용이하기 위하여 배선의 도중에 분기하지 않고 배선하는 방식

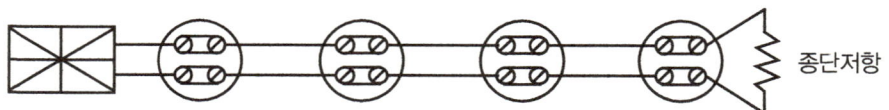

　㉡ 교차회로 방식 : 감지기의 오동작 방지를 위하여 하나의 방호구역 내에 2이상의 화재감지회로를 설치하고 인접한 2이상의 화재감지기가 동시에 감지되는 때에 설비가 작동되는 방식

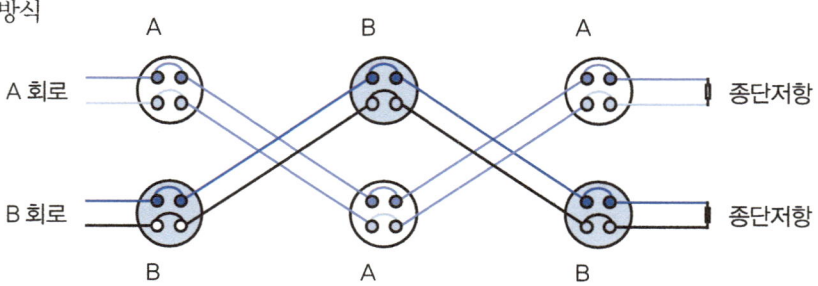

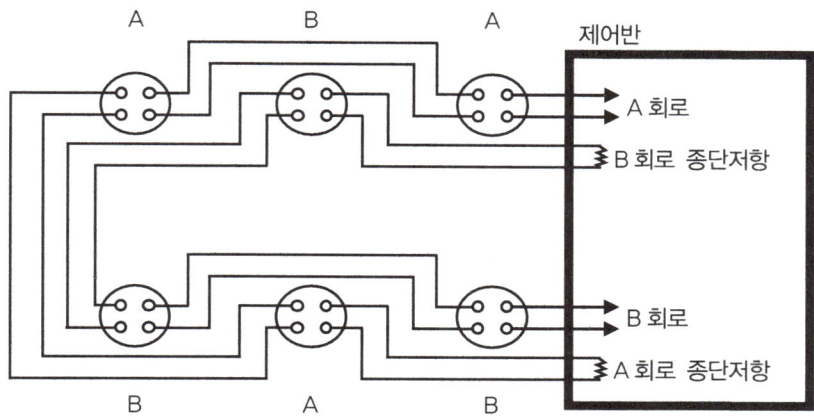

(2) 배선에 사용되는 전선의 종류 및 공사방법

① 내화배선

사용전선의 종류	공사방법
1. 450/750V 저독성 난연 가교 폴리올레핀 절연 전선 2. 0.6/1KV 가교 폴리에틸렌 절연 저독성 난연 폴리올레핀 시스 전력 케이블 3. 6/10kV 가교 폴리에틸렌 절연 저독성 난연 폴리올레핀 시스 전력용 케이블 4. 가교 폴리에틸렌 절연 비닐시스 트레이용 난연 전력 케이블 5. 0.6/1kV EP 고무절연 클로로프렌 시스 케이블 6. 300/500V 내열성 실리콘 고무 절연전선 (180℃) 7. 내열성 에틸렌-비닐 아세테이트 고무 절연 케이블 8. 버스덕트(Bus Duct) 9. 기타 전기용품안전관리법 및 전기설비기술 기준에 따라 동등 이상의 내화성능이 있다고 주무부장관이 인정하는 것	금속관·2종 금속제 가요전선관 또는 합성수지관에 수납하여 내화구조로 된 벽 또는 바닥 등에 벽 또는 바닥의 표면으로부터 25㎜ 이상의 깊이로 매설하여야 한다. 다만 다음 각목의 기준에 적합하게 설치하는 경우에는 그러하지 아니하다. 가. 배선을 내화성능을 갖는 배선전용실 또는 배선용 샤프트·피트·덕트 등에 설치하는 경우 나. 배선전용실 또는 배선용 샤프트·피트·덕트 등에 다른 설비의 배선이 있는 경우에는 이로 부터 15㎝ 이상 떨어지게 하거나 소화설비의 배선과 이웃하는 다른 설비의 배선사이에 배선지름(배선의 지름이 다른 경우에는 가장 큰 것을 기준으로 한다)의 1.5배 이상의 높이의 불연성 격벽을 설치하는 경우
내화전선	케이블공사의 방법에 따라 설치하여야 한다.

② 내열배선

사용전선의 종류	공사방법
1. 450/750V 저독성 난연 가교 폴리올레핀 절연 전선 2. 0.6/1KV 가교 폴리에틸렌 절연 저독성 난연 폴리올레핀 시스 전력 케이블	금속관·금속제 가요전선관·금속덕트 또는 케이블(불연성덕트에 설치하는 경우에 한한다.) 공사방법에 따라야 한다. 다만, 다음 각목의 기준에 적합하게 설치하는 경우에는

3. 6/10kV 가교 폴리에틸렌 절연 저독성 난연 폴리올레핀 시스 전력용 케이블 4. 가교 폴리에틸렌 절연 비닐시스 트레이용 난연 전력 케이블 5. 0.6/1kV EP 고무절연 클로로프렌 시스 케이블 6. 300/500V 내열성 실리콘 고무 절연전선 (180℃) 7. 내열성 에틸렌-비닐아세테이트 고무 절연 케이블 8. 버스덕트(Bus Duct) 9. 기타 전기용품안전관리법 및 전기설비기술 기준에 따라 동등 이상의 내열성능이 있다고 주무부장관이 인정하는 것	그러하지 아니하다. 가. 배선을 내화성능을 갖는 배선전용실 또는 배선용 샤프트·피트·덕트 등에 설치하는 경우 나. 배선전용실 또는 배선용 샤프트·피트·덕트 등에 다른 설비의 배선이 있는 경우에는 이로부터 15㎝ 이상 떨어지게 하거나 소화설비의 배선과 이웃하는 다른 설비의 배선사이에 배선지름(배선의 지름이 다른 경우에는 지름이 가장 큰 것을 기준으로 한다)의 1.5배 이상의 높이의 불연성 격벽을 설치하는 경우
내화전선·내열전선	케이블공사의 방법에 따라 설치하여야 한다.

CHAPTER 01 자동화재탐지설비 및 시각경보장치

01 자동화재탐지설비 및 시각경보장치의 화재안전기술기준(NFTC 203)에 따라 부착높이 8m 이상 15m 미만에 설치 가능한 감지기가 아닌 것은?

① 불꽃감지기
② 보상식 분포형감지기
③ 차동식 분포형감지기
④ 광전식 분리형 1종 감지기

정답 ②
해설 보상식 분포형은 설치 못한다.

- 감지기 부착높이 기준

부착높이	감지기의 종류
8m 이상 15m 미만	• 차동식 분포형 • 이온화식 1종 또는 2종 • 광전식(스포트형, 분리형, 공기흡입형) 1종 또는 2종 연기복합형 • 불꽃감지기

02 자동화재탐지설비 및 시각경보장치의 화재안전기술기준(NFTC 203)에 따라 지하층·무창층 등으로서 환기가 잘되지 아니하거나 실내 면적이 40m² 미만인 장소에 설치하여야 하는 적응성이 있는 감지기가 아닌 것은?

① 불꽃감지기
② 광전식분리형감지기
③ 정온식스포트형감지기
④ 아날로그방식의 감지기

정답 ③
해설 정온식 스포트형 감지기는 비화재보가 있을 우려가 있는 장소에 설치하지 못한다.

- 비화재보 우려장소
  ① 지하층·무창층 등으로서 환기가 잘되지 아니하거나 실내면적이 40m² 미만인 장소
  ② 감지기의 부착면과 실내바닥과의 거리가 2.3m 이하인 곳으로서 일시적으로 발생한 열·연기 또는 먼지 등으로 인하여 화재신호를 발신할 우려가 있는 장소
  ③ 설치 감지기
  불꽃감지기, 정온식감지선형감지기, 분포형감지기, 복합형감지기, 광전식분리형감지기, 아날로그방식의 감지기, 다신호방식의 감지기, 축적방식의 감지기

03 자동화재탐지설비 및 시각경보장치의 화재안전기술기준(NFTC 203)에 따른 감지기의 설치기준으로 **틀린** 것은?

① 스포트형감지기는 45° 이상 경사되지 아니하도록 부착할 것
② 감지기(차동분포형의 것을 제외한다.)는 실내로의 공기유입구로부터 1.5m 이상 떨어진 위치에 설치할 것
③ 보상식스포트형 감지기는 정온점이 감지기 주위의 평상시 최고온도보다 10℃ 이상 높은 것으로 설치할 것
④ 정온식감지기는 주방·보일러실 등으로서 다량의 화기를 취급하는 장소에 설치하되 공칭작동온도가 최고주의온도보다 20℃ 이상 높은 것으로 설치할 것

> **정답** ③
> **해설** (보기③) 보상식스포트형 감지기는 정온점이 감지기 주위의 평상시 최고온도보다 10℃ 이상 높은 것으로 설치할 것 → 20℃ 이상 높은 것으로 설치할 것
>
> ● 감지기 설치기준
> ① 감지기(차동식분포형의 것을 제외한다)는 실내로의 공기유입구로부터 1.5 m 이상 떨어진 위치에 설치할 것
> ② 감지기는 천장 또는 반자의 옥내에 면하는 부분에 설치할 것
> ③ 보상식스포트형감지기는 정온점이 감지기 주위의 평상시 최고온도보다 20 ℃ 이상 높은 것으로 설치할 것
> ④ 정온식감지기는 주방·보일러실 등으로서 다량의 화기를 취급하는 장소에 설치하되, 공칭작동온도가 최고주위온도보다 20 ℃ 이상 높은 것으로 설치할 것
> ⑤ 스포트형감지기는 45° 이상 경사되지 아니하도록 부착한다.

04 주요구조부가 내화구조인 특정소방대상물에 자동화재탐지설비의 감지기를 열전대식 차동식분포형으로 설치하려고 한다. 바닥면적이 256[m²]일 경우 열전대부와 검출부는 각각 최소 몇 개 이상으로 설치하여야 하는가?

① 열전대부 11개, 검출부 1개
② 열전대부 12개, 검출부 1개
③ 열전대부 11개, 검출부 2개
④ 열전대부 12개, 검출부 2개

> **정답** ②
> **해설** ∴ 열전대부 설치개수 = $\dfrac{256}{22}$ = 11.64 ≒ 12개, 검출부는 20개당 1개 이므로 1개로 한다.
>
> ● 열전대식 차동식 분포형 감지기 설치기준
>
> | 특정소방대상물 | 1개 감지면적 |
> |---|---|
> | 내화구조 | 22[m²] |
> | 기타구조 | 18[m²] |
>
> ① 바닥면적이 72m²(내화구조로 된 경우 88m²) 이하인 특정소방대상물에 있어서는 4개 이상으로 하여야 한다.
> ② 하나의 검출부에 접속하는 열전대부는 20개 이하로 한다.

05 부착높이 3m, 바닥면적 50㎡인 주요구조부를 내화구조로한 소방대상물에 1종 열반도체식 차동식 분포형 감지기를 설치하고자 할 때 감지부의 최소 설치개수는?

① 1개   ② 2개
③ 3개   ④ 4개

정답 ①

해설 • 열반도체식 차동식 분포형 감지기 설치기준

(단위 : [㎡])

부착높이 및 소방대상물의 구분		감지기의 종류	
		1종	2종
8[m] 미만	내화구조	65	36
	기타구조	40	23
8[m] 이상 15[m] 미만	내화구조	50	36
	기타구조	30	23

① 부착높이가 8m 미만이고, 바닥면적이 표에 따른 면적 이하인 경우에는 1개 이상으로 하여야 한다.
② 하나의 검출기에 접속하는 감지부는 2개 이상 15개 이하가 되도록 한다.

06 자동화재탐지설비 및 시각경보장치의 화재안전기술기준(NFTC 203)에 따른 공기관식 차동식분포형 감지기의 설치기준으로 **틀린** 것은?

① 검출부는 3°이상 경사되지 아니하도록 부착할 것
② 공기관의 노출부분은 감지구역마다 20m 이상이 되도록 할 것
③ 하나의 검출부분에 접속하는 공기관의 길이는 100m 이하로 할 것
④ 공기관과 감지구역의 각 변과의 수평거리는 1.5m 이하가 되도록 할 것

정답 ①

해설 • 공기관식 차동식 분포형 감지기 설치기준
① 공기관의 노출 부분은 감지구역마다 20 m 이상이 되도록 할 것
② 공기관과 감지구역의 각 변과의 수평거리는 1.5 m 이하가 되도록 하고, 공기관 상호 간의 거리는 6 m(주요구조부가 내화구조로 된 특정소방대상물 또는 그 부분에 있어서는 9 m) 이하가 되도록 할 것
③ 공기관은 도중에서 분기하지 않도록 할 것
④ 하나의 검출 부분에 접속하는 공기관의 길이는 100 m 이하로 할 것
⑤ 검출부는 5° 이상 경사되지 않도록 부착할 것
⑥ 검출부는 바닥으로부터 0.8 m 이상 1.5 m 이하의 위치에 설치할 것

07 광전식 분리형 감지기의 설치기준 중 옳은 것은?

① 감지기의 수광면은 햇빛을 직접 받도록 설치할 것
② 광축(송광면과 수광면의 중심을 연결한 선)은 나란한 벽으로부터 1.5m 이상 이격하여 설치할 것
③ 감지기의 송광부와 수광부는 설치된 뒷벽으로부터 0.6m 이내 위치에 설치할 것
④ 광축의 높이는 천장 등(천장의 실내에 면한 부분 또는 상층의 바박하부면) 높이의 80% 이상일 것

정답 ④
해설 (보기①) 감지기의 수광면은 햇빛을 직접 받도록 설치할 것 → 직접 받지 않도록 설치할 것
(보기②) 광축(송광면과 수광면의 중심을 연결한 선)은 나란한 벽으로부터 1.5m 이상 이격하여 설치할 것 → 나란한 벽으로부터 0.6m 이상 이격하여 설치할 것
(보기③) 감지기의 송광부와 수광부는 설치된 뒷벽으로부터 0.6m 이내 위치에 설치할 것 → 뒷벽으로부터 1m 이내 위치에 설치할 것

- **광전식 분리형 감지기 설치기준**
  ① 감지기의 수광면은 햇빛을 직접 받지 않도록 설치할 것
  ② 광축(송광면과 수광면의 중심을 연결한 선)은 나란한 벽으로부터 0.6m 이상 이격하여 설치할 것
  ③ 감지기의 송광부와 수광부는 설치된 뒷벽으로부터 1m 이내 위치에 설치할 것
  ④ 광축의 높이는 천장 등(천장의 실내에 면한 부분 또는 상층의 바닥하부면을 말한다) 높이의 80% 이상일 것
  ⑤ 감지기의 광축의 길이는 공칭감시거리 범위이너 일 것

08 자동화재탐지설비 및 시각경보장치의 화재안전기술기준(NFTC 203)에 따른 경계구역에 관한 기준이다. 다음 (   )에 들어갈 내용으로 옳은 것은?

> 하나의 경계구역의 면적은 (㉮) 이하로 하고 한 변의 길이는 (㉯) 이하로 하여야 한다.

① ㉮ 600m², ㉯ 50m
② ㉮ 600m², ㉯ 100m
③ ㉮ 1200m², ㉯ 50m
④ ㉮ 1200m², ㉯ 100m

정답 ①
해설 • **자동화재탐지설비의 수평적 경계구역**
① 하나의 경계구역이 2개 이상의 건축물에 미치지 않도록 할 것
② 하나의 경계구역이 2 이상의 층에 미치지 않도록 할 것. 다만, 500㎡ 이하의 범위 안에서는 2개의 층을 하나의 경계구역으로 할 수 있다.
③ 하나의 경계구역의 면적은 600㎡ 이하로 하고 한 변의 길이는 50m 이하로 할 것. 다만, 해당 특정소방대상물의 주된 출입구에서 그 내부 전체가 보이는 것에 있어서는 한 변의 길이가 50m의 범위 내에서 1,000㎡ 이하로 할 수 있다.

09 자동화재탐지설비 및 시각경보장치의 화재안전기술기준(NFTC 203)에 따라 외기에 면하여 상시 개방된 부분이 있는 차고·주차장·창고 등에 있어서는 외기에 면하는 각 부분으로부터 몇 m 미만의 범위 안에 있는 부분은 경계구역의 면적에 산입하지 아니 하는가?

① 1
② 3
③ 5
④ 10

정답 ③
해설 ● 자동화재탐지설비의 경계구역
외기에 면하여 상시 개방된 부분이 있는 차고·주차장·창고 등에 있어서는 외기에 면하는 각 부분으로부터 5 m 미만의 범위 안에 있는 부분은 경계구역의 면적에 산입하지 않는다.

10 자동화재탐지설비 및 시각경보장치의 화재안전기술기준(NFTC 203)에 따른 자동화재탐지설비의 중계기의 시설기준으로 틀린 것은?

① 조작 및 점검에 편리하고 화재 및 침수 등의 재해로 인한 피해를 받을 우려가 없는 장소에 설치할 것
② 수신기에서 직접 감지기회로의 도통시험을 행하지 아니하는 것에 있어서는 수신기와 감지기 사이에 설치할 것
③ 감지기에 따라 감시되지 아니하는 배선을 통하여 전력을 공급받는 것에 있어서는 전원입력측의 배선에 누전경보기를 설치할 것
④ 수신기에 따라 감시되지 아니하는 배선을 통하여 전력을 공급받는 것에 있어서는 해당 전원의 정전이 즉시 수신기에 표시되는 것으로 할 것

정답 ③
해설 (보기③) 감지기에 따라 감시되지 아니하는 배선을 통하여 전력을 공급받는 것에 있어서는 전원입력측의 배선에 누전경보기를 설치할 것 → 전원입력측의 배선에 과전류 차단기를 설치할 것
● 중계기 설치기준
① 수신기에서 직접 감지기회로의 도통시험을 행하지 아니하는 것에 있어서는 수신기와 감지기 사이에 설치할 것
② 조작 및 점검에 편리하고 화재 및 침수 등의 재해로 인한 피해를 받을 우려가 없는 장소에 설치할 것
③ 수신기에 따라 감시되지 아니하는 배선을 통하여 전력을 공급받는 것에 있어서는 전원입력 측의 배선에 과전류 차단기를 설치하고 해당 전원의 정전이 즉시 수신기에 표시되는 것으로 하며, 상용전원 및 예비전원의 시험을 할 수 있도록 할 것

11 자동화재탐지설비 및 시각경보장치의 화재안전기술기준(NFTC 203)에 따른 배선의 시설기준으로 **틀린** 것은?

① 감지기 사이의 회로의 배선은 송배전식으로 할 것
② 자동화재탐지설비의 감지기 회로의 전로저항은 50Ω 이하가 되도록 할 것
③ 수신기의 각 회로별 종단에 설치되는 감지기에 접속되는 배선의 전압은 감지기 정격전압의 80% 이상이어야 할 것
④ 피(P)형 수신기 및 지피(G.P.)형 수신기의 감지기 회로의 배선에 있어서 하나의 공통선에 접속할 수 있는 경계구역은 10개 이하로 할 것

정답 ④
해설 (보기④) 피(P)형 수신기 및 지피(G.P.)형 수신기의 감지기 회로의 배선에 있어서 하나의 공통선에 접속할 수 있는 경계구역은 10개 이하로 할 것 → 경계구역은 7개 이하로 할 것

- 감지기 배선기준
  ① 감지기회로의 도통시험을 위한 종단저항의 설치기준
     ㉠ 점검 및 관리가 쉬운 장소에 설치할 것
     ㉡ 전용함을 설치하는 경우 그 설치 높이는 바닥으로부터 1.5m 이내로 할 것
     ㉢ 감지기 회로의 끝부분에 설치하며, 종단감지기에 설치할 경우에는 구별이 쉽도록 해당감지기의 기판 및 감지기 외부 등에 별도의 표시를 할 것
  ② 감지기 사이의 회로의 배선은 송배전식으로 할 것
  ③ 전원회로의 전로와 대지 사이 및 배선 상호간의 절연저항은「전기사업법」에 따른 기술기준이 정하는 바에 의하고, 감지기회로 및 부속회로의 전로와 대지 사이 및 배선 상호간의 절연저항은 1경계구역마다 직류 250V의 절연저항측정기를 사용하여 측정한 절연저항이 0.1MΩ 이상이 되도록 할 것
  ④ 자동화재탐지설비의 배선은 다른 전선과 별도의 관·덕트(절연효력이 있는 것으로 구획한 때에는 그 구획된 부분은 별개의 덕트로 본다)·몰드 또는 풀박스 등에 설치할 것. 다만, 60V 미만의 약전류회로에 사용하는 전선으로서 각각의 전압이 같을 때에는 그렇지 않다.
  ⑤ P형 수신기 및 G.P형 수신기의 감지기 회로의 배선에 있어서 하나의 공통선에 접속할 수 있는 경계구역은 <u>7개</u> 이하로 할 것
  ⑥ 자동화재탐지설비의 감지기회로의 전로저항은 50Ω 이하가 되도록 하여야 하며, 수신기의 각 회로별 종단에 설치되는 감지기에 접속되는 배선의 전압은 감지기 정격전압의 80% 이상이어야 할 것

12 자동화재탐지설비 및 시각경보장치의 화재안전기술기준(NFTC 203)에 따라 감지기 회로의 도통시험을 위한 종단저항의 설치기준으로 **틀린** 것은?

① 동일층 발신기함 외부에 설치할 것
② 점검 및 관리가 쉬운 장소에 설치할 것
③ 전용함을 설치하는 경우 그 설치 높이는 바닥으로부터 1.5m 이내로 할 것
④ 종단감지기에 설치할 경우에는 구별이 쉽도록 해당 감지기의 기판 등에 별도의 표시를 할 것

정답 ①
해설 (보기①) 동일층 발신기함 외부에 설치할 것 → 점검 및 관리가 쉬운 장소에 설치한다.

- 감지기회로의 도통시험을 위한 종단저항의 설치기준
  ① 점검 및 관리가 쉬운 장소에 설치할 것
  ② 전용함을 설치하는 경우 그 설치 높이는 바닥으로부터 1.5m 이내로 할 것
  ③ 감지기 회로의 끝부분에 설치하며, 종단감지기에 설치할 경우에는 구별이 쉽도록 해당감지기의 기판 및 감지기 외부 등에 별도의 표시를 할 것

13 청각장애인용 시각경보장치는 천장의 높이가 2m 이하인 경우에는 천장으로부터 몇 m 이내의 장소에 설치하여야 하는가?

① 0.1　　　　　　　　② 0.15
③ 1.0　　　　　　　　④ 1.5

정답 ②
해설 ● 시각경보장치 설치기준
　　설치높이는 바닥으로부터 2m 이상 2.5m 이하의 장소에 설치할 것 다만, 천장의 높이가 2m 이하인 경우에는 천장으로부터 0.15m 이내의 장소에 설치하여야 한다.

CHAPTER 02 비상경보설비 및 단독경보형감지기
[시행 2022. 12. 1.] [2022. 12. 1. 제정]

01 비상경보설비 및 단독경보형감지기

(1) 비상경보설비란 화재발생을 감지하여 소방대상물의 전 구역에 화재의 발생을 수동으로 신속하게 통보하여 주는 설비를 말한다.

(2) 단독경보형감지기란 화재발생 상황을 단독으로 감지하여 자체에 내장된 음향장치로 경보하는 감지기를 말한다.

(3) 용어의 정의
  ① 비상벨설비 : 화재발생 상황을 경종으로 경보하는 설비
  ② 자동식사이렌설비 : 화재발생 상황을 사이렌으로 경보하는 설비

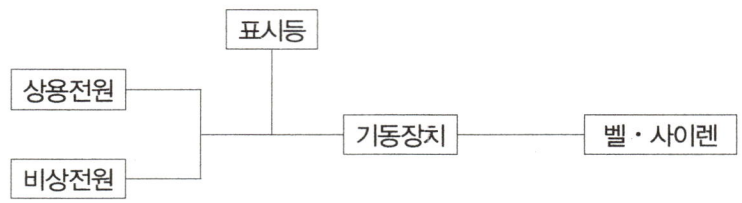

  ③ 단독경보형감지기란 화재발생 상황을 단독으로 감지하여 자체에 내장된 음향장치로 경보하는 감지기를 말한다.
  ④ 발신기란 화재발생 신호를 수신기에 수동으로 발신하는 장치를 말한다.
  ⑤ 수신기란 발신기에서 발하는 화재신호를 직접 수신하여 화재의 발생을 표시 및 경보하여 주는 장치를 말한다.

(4) 신호방식처리(화재신호 및 상태신호 등을 송수신하는 방식)
  ① 유선식 : 화재신호 등을 배선으로 송·수신하는 방식의 것
  ② 무선식 : 화재신호 등을 전파에 의해 송·수신하는 방식의 것
  ③ 유·무선식 : 유선식과 무선식을 겸용으로 사용하는 방식의 것

02 비상경보설비

* 비상경보설비 설치기준의 경우 자동화재탐지설비의 수동 시스템 기준(발신기 기준 및 음향장치 기준 동일)과 유사하다.

(1) 상용전원

비상벨설비 또는 자동식사이렌설비의 상용전원은 다음의 기준에 따라 설치해야 한다.
  ① 상용전원은 전기가 정상적으로 공급되는 축전지설비, 전기저장장치(외부 전기에너지를 저장해 두었다가 필요한 때 전기를 공급하는 장치) 또는 교류전압의 옥내간선으로 하고, 전원까지의 배선은 전용으로 할 것

② 개폐기에는 "비상벨설비 또는 자동식사이렌설비용"이라고 표시한 표지를 할 것

(2) 축전지 또는 전기저장장치

비상벨설비 또는 자동식사이렌설비에는 그 설비에 대한 감시상태를 60분간 지속한 후 유효하게 10분 이상 경보할 수 있는 비상전원으로서 축전지설비(수신기에 내장하는 경우를 포함한다) 또는 전기저장장치(외부 전기에너지를 저장해 두었다가 필요한 때 전기를 공급하는 장치)를 설치해야 한다. 다만, 상용전원이 축전지설비인 경우 또는 건전지를 주전원으로 사용하는 무선식 설비인 경우에는 그렇지 않다.

03 단독경보형감지기

화재발생상황을 단독으로 감지하여 자체에 내장된 음향장치로 경보하는 감지기

(1) 설치기준
① 각 실(이웃하는 실내의 바닥면적이 각각 30㎡ 미만이고 벽체의 상부의 전부 또는 일부가 개방되어 이웃하는 실내와 공기가 상호유통되는 경우에는 이를 1개의 실로 본다)마다 설치하되, 바닥면적이 150㎡를 초과하는 경우에는 150㎡마다 1개 이상 설치할 것
② 최상층의 계단실의 천장(외기가 상통하는 계단실의 경우를 제외한다)에 설치할 것
③ 건전지를 주전원으로 사용하는 단독경보형감지기는 정상적인 작동상태를 유지할 수 있도록 건전지를 교환할 것
④ 상용전원을 주전원으로 사용하는 단독경보형감지기의 2차전지는 제품검사에 합격한 것을 사용할 것

(2) 형식승인 및 제품검사의 기술기준(일반기능)
① 자동복귀형 스위치(자동적으로 정위치에 복귀될 수 있는 스위치를 말한다)에 의하여 수동으로 작동시험을 할 수 있는 기능이 있어야 한다.
② 작동되는 경우 작동표시등에 의하여 화재의 발생을 표시하고, 내장된 음향장치의 명동에 의하여 화재경보음을 발할 수 있는 기능이 있어야 한다.
③ 주기적으로 섬광하는 전원표시등에 의하여 전원의 정상 여부를 감시할 수 있는 기능이 있어야 하며, 전원의 정상상태를 표시하는 전원표시등의 섬광 주기는 1초 이내의 점등과 30초에서 60초 이내의 소등으로 이루어져야 한다.
④ 화재경보음은 감지기로부터 1m 떨어진 위치에서 85dB 이상으로 10분 이상 계속하여 경보할 수 있어야 한다.
⑤ 건전지를 주전원으로 하는 감지기는 건전지의 성능이 저하되어 건전지의 교체가 필요한 경우에는 음성안내를 포함한 음향 및 표시등에 의하여 72시간 이상 경보할 수 있어야 한다. 이 경우 음향경보는 1m 떨어진 거리에서 70dB(음성안내는 60dB) 이상이어야 한다.

CHAPTER 02 비상경보설비 및 단독경보형감지기

01 비상경보설비 및 단독경보형감지기의 화재안전기술기준(NFTC 201)에 따라 화재신호 및 상태신호 등을 송수신하는 방식으로 옳은 것은?

① 자동식 ② 수동식
③ 반자동식 ④ 유·무선식

정답 ④

해설 ● 신호방식처리 (화재신호 및 상태신호 등을 송수신하는 방식)
① 유선식 : 화재신호 등을 배선으로 송·수신하는 방식의 것
② 무선식 : 화재신호 등을 전파에 의해 송·수신하는 방식의 것
③ 유·무선식 : 유선식과 무선식을 겸용으로 사용하는 방식의 것

02 비상경보설비 및 단독경보형감지기의 화재안전기술기준(NFTC 201)에 따른 발신기의 시설기준에 대한 내용이다. 다음 ( )에 들어갈 내용으로 옳은 것은?

> 조작이 쉬운 장소에 설치하고, 조작 스위치는 바닥으로부터 (ⓐ) m 이상 (ⓑ) m 이하의 높이에 설치할 것

① ⓐ 0.6, ⓑ 1.2 ② ⓐ 0.8, ⓑ 1.5
③ ⓐ 1.0, ⓑ 1.8 ④ ⓐ 1.2, ⓑ 2.0

정답 ②

해설 ● 비상경보설비의 발신기 설치기준
① 조작이 쉬운 장소에 설치하고, 조작스위치는 바닥으로부터 0.8m 이상 1.5m 이하의 높이에 설치할 것
② 특정소방대상물의 층마다 설치하되, 해당 특정소방대상물의 각 부분으로부터 하나의 발신기까지의 수평거리가 25m 이하가 되도록 할 것. 다만, 복도 또는 별도로 구획된 실로서 보행거리가 40m 이상일 경우에는 추가로 설치하여야 한다.
③ 발신기의 위치표시등은 함의 상부에 설치하되, 그 불빛은 부착 면으로부터 15° 이상의 범위 안에서 부착지점으로부터 10m 이내의 어느 곳에서도 쉽게 식별할 수 있는 적색등으로 할 것

03 비상경보설비 및 단독경보형감지기의 화재안전기술기준(NFTC 201)에 따라 비상벨설비의 음향장치의 음량은 부착된 음향장치의 중심으로부터 1m 떨어진 위치에서 몇 dB 이상이 되는 것으로 하여야 하는가?

① 60
② 70
③ 80
④ 90

> **정답** ④
> **해설** ● 비상경보설비 음향장치 설치기준
> ① 지구음향장치는 특정소방대상물의 층마다 설치
> ② 해당 특정소방대상물의 각 부분으로부터 하나의 음향장치까지의 수평거리가 25m 이하가 되도록 설치
> ③ 음향장치는 정격전압의 80% 전압에서 음향을 발할 수 있도록 하여야 한다.
> ④ 음향장치의 음량은 부착된 음향장치의 중심으로부터 1m 떨어진 위치에서 <u>90dB 이상</u>이 되는 것으로 하여야 한다.

04 비상경보설비 및 단독경보형감지기의 화재안전기술기준(NFTC 201)에 따른 비상벨설비 또는 자동식 사이렌설비에 대한 설명이다. 다음 (   )의 ㉠, ㉡에 들어갈 내용으로 옳은 것은?

> 비상벨설비 또는 자동식 사이렌설비에는 그 설비에 대한 감시상태를 (㉠)분간 지속한 후 유효하게 (㉡)분 이상 경보할 수 있는 축전지설비(수신기에 내장하는 경우를 포함한다) 또는 전기저장장치(외부 전기에너지를 저장해 두었다가 필요한 때 전기를 공급하는 장치)를 설치하여야 한다.

① ㉠ 30, ㉡ 10
② ㉠ 60, ㉡ 10
③ ㉠ 30, ㉡ 20
④ ㉠ 60, ㉡ 20

> **정답** ②
> **해설** ● 비상벨설비 또는 자동식사이렌설비 비상전원
> 비상벨설비 또는 자동식사이렌설비에는 그 설비에 대한 감시상태를 60분간 지속한 후 유효하게 10분 이상 경보할 수 있는 비상전원으로서 축전지설비(수신기에 내장하는 경우를 포함한다) 또는 전기저장장치(외부 전기에너지를 저장해 두었다가 필요한 때 전기를 공급하는 장치)를 설치해야 한다. 다만, 상용전원이 축전지설비인 경우 또는 건전지를 주전원으로 사용하는 무선식 설비인 경우에는 그렇지 않다.

05 비상경보설비 및 단독경보형감지기의 화재안전기술기준(NFTC 201)에 따라 바닥면적이 450m² 일 경우 단독경보형감지기의 최소 설치개수는?

① 1개 ② 2개
③ 3개 ④ 4개

> **정답** ③
>
> **해설** ● 단독경보형감지기 설치기준
> 각 실(이웃하는 실내의 바닥면적이 각각 30㎡ 미만이고 벽체의 상부의 전부 또는 일부가 개방되어 이웃하는 실내와 공기가 상호유통되는 경우에는 이를 1개의 실로 본다)마다 설치하되, 바닥면적이 150㎡를 초과하는 경우에는 <u>150㎡마다 1개 이상</u> 설치할 것
>
> $$\therefore 설치개수 = \frac{450}{150} = 3개$$

06 단독경보형감지기의 설치기준 중 다음 (　) 안에 알맞은 것은?

> 이웃하는 실내의 바닥면적이 각각 (　)m² 미만이고 벽체의 상부의 전부 또는 일부가 개방되어 이웃하는 실내와 공기가 상호 유통되는 경우에는 이를 1개의 실로 본다.

① 30 ② 50
③ 100 ④ 150

> **정답** ①
>
> **해설** ● 단독경보형감지기 설치기준
> ① 각 실(이웃하는 실내의 바닥면적이 <u>각각 30㎡ 미만</u>이고 벽체의 상부의 전부 또는 일부가 개방되어 이웃하는 실내와 공기가 상호유통되는 경우에는 이를 1개의 실로 본다)마다 설치하되, 바닥면적이 150㎡를 초과하는 경우에는 150㎡마다 1개 이상 설치할 것
> ② 최상층의 계단실의 천장(외기가 상통하는 계단실의 경우를 제외한다)에 설치할 것
> ③ 건전지를 주전원으로 사용하는 단독경보형감지기는 정상적인 작동상태를 유지할 수 있도록 건전지를 교환할 것
> ④ 상용전원을 주전원으로 사용하는 단독경보형감지기의 2차전지는 제품검사에 합격한 것을 사용할 것

CHAPTER 03 자동화재속보설비
[시행 2022. 12. 1.] [2022. 12. 1. 제정]

01 자동화재속보설비

자동화재속보설비의 속보기란 수동작동 및 자동화재탐지설비 수신기의 화재신호와 연동으로 작동하여 관계인에게 화재발생을 경보함과 동시에 소방관서에 자동적으로 통신망을 통한 당해 화재발생 및 당해 소방대상물의 위치 등을 음성으로 통보하여 주는 것을 말한다.

(1) 용어의 정의
① 속보기 : 화재신호를 통신망을 통하여 음성 등의 방법으로 소방관서에 통보하는 장치
② 통신망 : 유선이나 무선 또는 유무선 겸용 방식을 구성하여 음성 또는 데이터 등을 전송할 수 있는 집합체

(2) 설치기준
① 자동화재탐지설비와 연동으로 작동하여 자동적으로 화재발생 상황을 소방관서에 전달되는 것으로 할 것. 이 경우 부가적으로 특정소방대상물의 관계인에게 화재발생상황을 전달되도록 할 수 있다.
② 조작스위치는 바닥으로부터 0.8m 이상 1.5m 이하의 높이에 설치할 것
③ 속보기는 소방관서에 통신망으로 통보하도록 하며, 데이터 또는 코드전송방식을 부가적으로 설치할 수 있다.
④ 문화재에 설치하는 자동화재속보설비는 ①의 기준에도 불구하고 속보기에 감지기를 직접 연결하는 방식(자동화재탐지설비 1개의 경계구역에 한한다)으로 할 수 있다.

(3) 성능인증 및 제품검사의 기술기준
① 구조
　㉠ 부식에 의하여 기계적 기능에 영향을 초래할 우려가 있는 부분은 칠, 도금 등으로 기계적 내식가공을 하거나 방청가공을 하여야 하며, 전기적기능에 영향이 있는 단자 등은 동합금이나 이와 동등이상의 내식성능이 있는 재질을 사용하여야 한다.
　㉡ 외부에서 쉽게 사람이 접촉할 우려가 있는 충전부는 충분히 보호되어야 하며 정격전압이 60V를 넘고 금속제 외함을 사용하는 경우에는 외함에 접지단자를 설치하여야 한다.
　㉢ 극성이 있는 배선을 접속하는 경우에는 오접속 방지를 위한 필요한 조치를 하여야 하며, 커넥터로 접속하는 방식은 구조적으로 오접속이 되지 않는 형태이어야 한다.
　㉣ 내부에는 예비전원(알칼리계 또는 리튬계 2차축전지, 무보수밀폐형축전지)을 설치하여야 하며 예비전원의 인출선 또는 접속단자는 오접속을 방지하기 위하여 적당한 색상에 의하여 극성을 구분할 수 있도록 하여야 한다.
　㉤ 예비전원회로에는 단락사고 등을 방지하기 위한 퓨즈, 차단기등과 같은 보호장치를 하여야 한다.

ⓗ 전면에는 주전원 및 예비전원의 상태를 표시할 수 있는 장치와 작동시 작동여부를 표시하는 장치를 하여야 한다.
ⓢ 화재표시 복구스위치 및 음향장치의 울림을 정지시킬 수 있는 스위치를 설치하여야 한다.
ⓞ 작동시 그 작동시간과 작동회수를 표시할 수 있는 장치를 하여야 한다.
ⓩ 수동통화용 송수화장치를 설치하여야 한다.
ⓧ 표시등에 전구를 사용하는 경우에는 2개를 병렬로 설치하여야 한다. 다만, 발광다이오드의 경우에는 그러하지 아니하다.
ⓚ 속보기는 다음 각 호의 회로방식을 사용하지 아니하여야 한다.
  ⓐ 접지전극에 직류전류를 통하는 회로방식
  ⓑ 수신기에 접속되는 외부배선과 다른 설비(화재신호의 전달에 영향을 미치지 아니하는 것은 제외한다)의 외부배선을 공용으로 하는 회로방식
ⓔ 속보기의 기능에 유해한 영향을 미치는 부속장치는 설치하지 아니하여야 한다.

② 외함의 두께
  ㉠ 강판 외함 : 1.2 ㎜이상
  ㉡ 합성수지 외함 : 3 ㎜이상

③ 기능
  ㉠ 작동신호를 수신하거나 수동으로 동작시키는 경우 20초 이내에 소방관서에 자동적으로 신호를 발하여 통보하되, 3회 이상 속보할 수 있어야 한다.
  ㉡ 주전원이 정지한 경우에는 자동적으로 예비전원으로 전환되고, 주전원이 정상상태로 복귀한 경우에는 자동적으로 예비전원에서 주전원으로 전환되어야 한다.
  ㉢ 예비전원은 자동적으로 충전되어야 하며 자동과충전방지장치가 있어야 한다.
  ㉣ 화재신호를 수신하거나 속보기를 수동으로 동작시키는 경우 자동적으로 적색 화재표시등이 점등되고 음향장치로 화재를 경보하여야 하며 화재표시 및 경보는 수동으로 복구 및 정지시키지 않는 한 지속되어야 한다.
  ㉤ 연동 또는 수동으로 소방관서에 화재발생 음성정보를 속보중인 경우에도 송수화장치를 이용한 통화가 우선적으로 가능하여야 한다.
  ㉥ 예비전원을 병렬로 접속하는 경우에는 역충전 방지 등의 조치를 하여야 한다.
  ㉦ 예비전원은 감시상태를 60분간 지속한 후 10분 이상 동작(화재속보후 화재표시 및 경보를 10분간 유지하는 것을 말한다)이 지속될 수 있는 용량이어야 한다.
  ㉧ 속보기는 연동 또는 수동 작동에 의한 다이얼링 후 소방관서와 전화접속이 이루어지지 않는 경우에는 최초 다이얼링을 포함하여 10회 이상 반복적으로 접속을 위한 다이얼링이 이루어져야 한다. 이 경우 매회 다이얼링 완료 후 호출은 30초 이상 지속되어야 한다.
  ㉨ 속보기의 송수화장치가 정상위치가 아닌 경우에도 연동 또는 수동으로 속보가 가능하여야 한다.
  ㉩ 음성으로 통보되는 속보내용을 통하여 해당 소방대상물의 위치, 관계인 2명 이상의 연락처, 화재발생 및 속보기에 의한 신고임을 확인할 수 있어야 한다.

ⓒ 속보기는 음성속보방식 외에 데이터 또는 코드전송방식 등을 이용한 속보기능을 부가로 설치할 수 있다.
ⓔ 소방관서 등에 구축된 접수시스템 또는 별도의 시험용 시스템을 이용하여 시험한다.

④ 절연저항시험
  ⓐ 절연된 충전부와 외함간의 절연저항은 직류 500V의 절연저항계로 측정한 값이 5㏁(교류 입력측과 외함간에는 20㏁)이상이어야 한다.
  ⓑ 절연된 선로간의 절연저항은 직류 500V의 절연저항계로 측정한 값이 20㏁ 이상이어야 한다.

> **참고** 자동화재속보설비의 속보기의 성능인증 및 제품검사의 기술기준
>
> 1. "국가유산용 자동화재속보설비의 속보기(이하, "국가유산용 속보기"라 한다)"란 제2호의 기준에도 불구하고 속보기에 감지기를 직접 접속(자동화재탐지설비 1개의 경계구역에 한한다)하는 방식인 것을 말한다.
>
> 2. 국가유산용 속보기는 다음 각 목에 적합하여야 한다.
>   ① 무선식 감지기와 국가유산용 속보기간의 화재신호 또는 화재정보신호는 「신고하지 아니하고 개설할 수 있는 무선국용 무선설비의 기술기준」 제7조제3항의 도난, 화재경보장치 등의 안전 시스템용 주파수를 적용하여야 한다.
>   ② 「전파법」 제58조의2에 적합하여야 한다.
>   ③ 수동으로 무선식 감지기에 통신점검 신호를 발신하는 장치를 설치하여야 한다.
>   ④ 자동적으로 무선식 감지기에 24시간 이내 주기마다 통신점검 신호를 발신할 수 있는 장치를 설치하여야 한다. 다만, 무선식 감지기로부터 통신점검신호를 수신할 수 있는 장치가 있는 경우에는 그러하지 아니하다.
>   ⑤ 무선식 감지기의 화재 작동 상태를 화재감시 정상상태로 전환시킬 수 있는 수동복귀스위치를 설치하여야 한다. 이 경우 제7호의 스위치와 공통으로 사용할 수 있다.
>   ⑥ 무선식 감지기로부터 통신점검신호를 수신할 수 있는 장치가 있는 국가유산용 속보기는 무선식감지기로부터 통신점검신호를 수신하는 경우 자동적으로 무선식감지기에 통신점검 확인신호를 발신하는 장치 및 무선식감지기의 재확인신호를 수신하는 장치를 설치하여야 한다.

CHAPTER 03 자동화재속보설비

01 자동화재속보설비의 속보기의 성능인증 및 제품검사의 기술기준에 따른 자동화재속보설비의 속보기에 대한 설명이다. 다음 ( )의 ㉠, ㉡에 들어갈 내용으로 옳은 것은?

> 작동신호를 수신하거나 수동으로 동작시키는 경우 (㉠)초 이내에 소방관서에 자동적으로 신호를 발하여 통보하되, (㉡)회 이상 속보할 수 있어야 한다.

① ㉠ 20, ㉡ 3　　② ㉠ 20, ㉡ 4
③ ㉠ 30, ㉡ 3　　④ ㉠ 30, ㉡ 4

정답 ①
해설 ● 자동화재속보설비의 기능
작동신호를 수신하거나 수동으로 동작시키는 경우 20초 이내에 소방관서에 자동적으로 신호를 발하여 통보하되, 3회 이상 속보할 수 있어야 한다.

02 자동화재속보설비의 화재안전기술기준(NFTC 204)으로 **틀린** 것은?
① 조작스위치는 바닥으로부터 0.8m 이상 1.5m 이하의 높이에 설치한다.
② 비상경보설비와 연동으로 작동하여 자동적으로 화재발생 상황을 소방관서에 전달하도록 한다.
③ 속보기는 소방관서에 통신망으로 통보하도록 하며, 데이터 또는 코드전송방식을 부가적으로 설치할 수 있다.
④ 속보기는 소방청장이 정하여 고시한 「자동화재속보설비의 속보기의 성능인증 및 제품검사의 기술기준」에 적합한 것으로 설치하여야 한다.

정답 ②
해설 ● 자동화재속보설비 설치기준
① 자동화재탐지설비와 연동으로 작동하여 자동적으로 화재발생 상황을 소방관서에 전달되는 것으로 할 것. 이 경우 부가적으로 특정소방대상물의 관계인에게 화재발생상황을 전달되도록 할 수 있다.
② 조작스위치는 바닥으로부터 0.8m 이상 1.5m 이하의 높이에 설치할 것
③ 속보기는 소방관서에 통신망으로 통보하도록 하며, 데이터 또는 코드전송방식을 부가적으로 설치할 수 있다.
④ 문화재에 설치하는 자동화재속보설비는 ①의 기준에도 불구하고 속보기에 감지기를 직접 연결하는 방식(자동화재탐지설비 1개의 경계구역에 한한다)으로 할 수 있다.

03 자동화재속보설비의 속보기의 성능인증 및 제품검사의 기술기준에 따라 교류입력측과 외함 간의 절연저항은 직류 500V의 절연저항계로 측정한 값이 몇 MΩ 이상이어야 하는가?

① 5
② 10
③ 20
④ 50

정답 ③
해설 • 자동화재속보설비의 속보기의 성능인증 및 제품검사의 기술기준
　　• 절연저항시험
　　　① 절연된 충전부와 외함간의 절연저항은 직류 500V의 절연저항계로 측정한 값이 5MΩ(교류입력측과 외함간에는 20MΩ) 이상이어야 한다.
　　　② 절연된 선로간의 절연저항은 직류 500V의 절연저항계로 측정한 값이 20MΩ 이상이어야 한다.

CHAPTER 04 비상방송설비

[시행 2023. 2. 10.] [2023. 2. 10 일부개정]

01 비상방송설비

화재신호를 수신한 경우 자동 또는 수동으로 조작된 음성(방송설비)을 통해 특정소방대상물 내의 관계자에게 화재 상황을 통보하여 피난을 신속하고, 원활하게 하기 위한 경보설비

(1) 정의

① **확성기** : 소리를 크게 하여 멀리까지 전달될 수 있도록 하는 장치로써 일명 스피커를 말한다.

② **음량조절기** : 가변저항을 이용하여 전류를 변화시켜 음량을 크게 하거나 작게 조절할 수 있는 장치를 말한다.

③ **증폭기** : 전압전류의 진폭을 늘려 감도를 좋게 하고 미약한 음성전류를 커다란 음성전류로 변화시켜 소리를 크게 하는 장치를 말한다.

④ **조작부** : 기기를 제어할 수 있도록 조작스위치, 지시계, 표시등 등을 집결시킨 부분을 말한다.

(2) 경보방식 분류(자동화재 탐지설비와 동일)

① 일제경보방식 : 전층에 경보하는 방식

② 우선경보방식

  ㉠ 대상 : 층수가 11층(공동주택의 경우에는 16층) 이상의 특정소방대상물

  ㉡ 경보방식

11층 이상 건축물 우선경보		
2층 이상	발화층, 직상 4개층	
1층	발화층, 직상 4개층, 지하층	
지하층	발화층, 직상층, 기타 지하층	

층	3층 발화	2층 발화	1층 발화	지하1층 발화	지하2층 발화	지하3층 발화
7층	경보					
6층	경보	경보				
5층	경보	경보	경보			
4층	경보	경보	경보			
3층	발화	경보	경보			
2층		발화	경보			
1층			발화	경보		
지하1층			경보	발화	경보	경보
지하2층			경보	경보	발화	경보
지하3층			경보	경보	발화	경보

(3) 설치기준

① 확성기의 음성입력은 3W(실내에 설치하는 것에 있어서는 1W) 이상일 것
② 확성기는 각 층마다 설치하되, 그 층의 각 부분으로부터 하나의 확성기까지의 수평거리가 25m 이하가 되도록 하고, 해당층의 각 부분에 유효하게 경보를 발할 수 있도록 설치할 것
③ 음량조정기를 설치하는 경우 음량조정기의 배선은 3선식으로 할 것

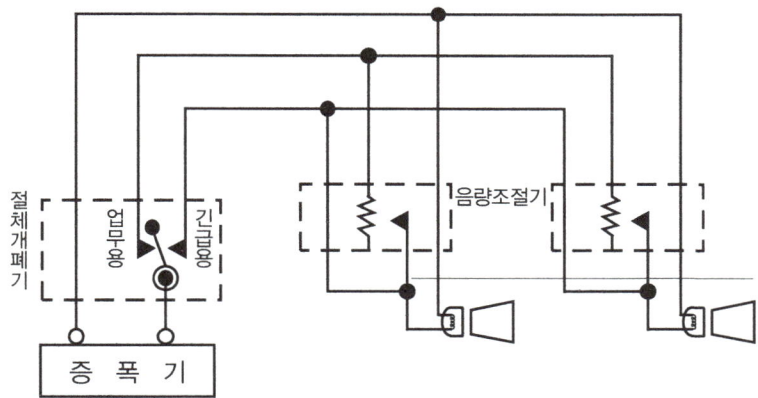

④ 조작부의 조작스위치는 바닥으로부터 0.8m 이상 1.5m 이하의 높이에 설치할 것
⑤ 조작부는 기동장치의 작동과 연동하여 해당 기동장치가 작동한 층 또는 구역을 표시할 수 있는 것으로 할 것
⑥ 증폭기 및 조작부는 수위실 등 상시 사람이 근무하는 장소로서 점검이 편리하고 방화상 유효한 곳에 설치할 것
⑦ 다른 방송설비와 공용하는 것에 있어서는 화재 시 비상경보외의 방송을 차단할 수 있는 구조로 할 것
⑧ 다른 전기회로에 따라 유도장애가 생기지 아니하도록 할 것
⑨ 하나의 특정소방대상물에 2 이상의 조작부가 설치되어 있는 때에는 각각의 조작부가 있는 장소 상호 간에 동시 통화가 가능한 설비를 설치하고, 어느 조작부에서도 해당 특정소방대상물의 전 구역에 방송을 할 수 있도록 할 것
⑩ 기동장치에 따른 화재신고를 수신한 후 필요한 음량으로 화재발생 상황 및 피난에 유효한 방송이 자동으로 개시될 때까지의 소요시간은 10초 이하로 할 것

(4) 음향장치의 구조 및 성능

① 정격전압의 80% 전압에서 음향을 발할 수 있는 것을 할 것
② 자동화재탐지설비의 작동과 연동하여 작동할 수 있는 것으로 할 것

(5) 배선

① 화재로 인하여 하나의 층의 확성기 또는 배선이 단락 또는 단선되어도 다른 층의 화재 통보에 지장이 없도록 할 것
② 전원회로의 배선은 내화배선에 따르고, 그 밖의 배선은 내화배선 또는 내열배선에 따라 설치할 것

③ 전원회로의 전로와 대지 사이 및 배선상호간의 절연저항 기술기준이 정하는 바에 따르고, 부속회로의 전로와 대지 사이 및 배선 상호간의 절연저항은 1경계구역마다 직류 250V의 절연저항측정기를 사용하여 측정한 절연저항이 0.1㏁ 이상이 되도록 할 것

④ 비상방송설비의 배선은 다른 전선과 별도의 관·덕트(절연효력이 있는 것으로 구획한 때에는 그 구획된 부분은 별개의 덕트로 본다) 몰드 또는 풀박스등에 설치할 것. 다만, 60V 미만의 약전류회로에 사용하는 전선으로서 각각의 전압이 같을 때에는 그러하지 아니하다.

(6) 전원

① 상용전원은 전기가 정상적으로 공급되는 축전지설비, 전기저장장치(외부 전기에너지를 저장해 두었다가 필요한 때 전기를 공급하는 장치) 또는 교류전압의 옥내간선으로 하고, 전원까지의 배선은 전용으로 할 것

② 개폐기에는 "비상방송설비용"이라고 표시한 표지를 할 것

③ 비상방송설비에는 그 설비에 대한 감시상태를 60분간 지속한 후 유효하게 10분 이상 경보할 수 있는 축전지설비(수신기에 내장하는 경우를 포함한다) 또는 전기저장장치(외부 전기에너지를 저장해 두었다가 필요한 때 전기를 공급하는 장치)를 설치해야 한다.

CHAPTER 04 비상방송설비

01 비상방송설비의 화재안전기술기준(NFTC 202)에 따른 정의에서 가변저항을 이용하여 전류를 변화시켜 음량을 크게 하거나 작게 조절할 수 있는 장치를 말하는 것은?
① 증폭기 ② 변류기
③ 중계기 ④ 음량조절기

정답 ④

해설 ● 비상방송설비 용어 정의
① 확성기 : 소리를 크게 하여 멀리까지 전달될 수 있도록 하는 장치로써 일명 스피커를 말한다.
② 음량조절기 : 가변저항을 이용하여 전류를 변화시켜 음량을 크게 하거나 작게 조절할 수 있는 장치를 말한다.
③ 증폭기 : 전압전류의 진폭을 늘려 감도를 좋게 하고 미약한 음성전류를 커다란 음성전류로 변화시켜 소리를 크게 하는 장치를 말한다.

02 비상방송설비의 화재안전기술기준(NFTC 202)에 따른 용어의 정의에서 소리를 크게 하여 멀리까지 전달될 수 있도록 하는 장치로써 일명 "스피커"를 말하는 것은?
① 확성기 ② 증폭기
③ 사이렌 ④ 음량조절기

정답 ①

해설 ● 비상방송설비 용어 정의
① 확성기 : 소리를 크게 하여 멀리까지 전달될 수 있도록 하는 장치로써 일명 스피커를 말한다.
② 음량조절기 : 가변저항을 이용하여 전류를 변화시켜 음량을 크게 하거나 작게 조절할 수 있는 장치를 말한다.
③ 증폭기 : 전압전류의 진폭을 늘려 감도를 좋게 하고 미약한 음성전류를 커다란 음성전류로 변화시켜 소리를 크게 하는 장치를 말한다.

03 비상방송설비의 화재안전기술기준(NFTC 202)에 따라 기동장치에 따른 화재신고를 수신한 후 필요한 음량으로 화재발생 상황 및 피난에 유효한 방송이 자동으로 개시될 때까지의 소요시간은 몇 초 이하로 하여야 하는가?
① 3 ② 5
③ 7 ④ 10

정답 ④

> **해설** ● 비상방송설비 설치기준
> 기동장치에 따른 화재신고를 수신한 후 필요한 음량으로 화재발생 상황 및 피난에 유효한 방송이 자동으로 개시될 때까지의 소요시간은 <u>10초 이하</u>로 할 것

04
비상방송설비의 화재안전기술기준(NFTC 202)에 따른 음향장치의 구조 및 성능에 대한 기준이다. 다음 (   )에 들어갈 내용으로 옳은 것은?

> 가. 정격전압의 (㉠)% 전압에서 음향을 발할 수 있는 것을 할 것
> 나. (㉡)의 작동과 연동하여 작동할 수 있는 것으로 할 것

① ㉠ 65, ㉡ 자동화재탐지설비
② ㉠ 80, ㉡ 자동화재탐지설비
③ ㉠ 65, ㉡ 단독경보형감지기
④ ㉠ 80, ㉡ 단독경보형감지기

> **정답** ②
> **해설** ● 비상방송설비 음향장치 설치기준
> ① 확성기의 음성입력은 3W(실내에 설치하는 것에 있어서는 1W) 이상일 것
> ② 확성기는 각 층마다 설치하되, 그 층의 각 부분으로부터 하나의 확성기까지의 수평거리가 25m 이하가 되도록 하고, 해당층의 각 부분에 유효하게 경보를 발할 수 있도록 설치할 것
> ③ 정격전압의 <u>80%</u> 전압에서 음향을 발할 수 있는 것을 할 것
> ④ <u>자동화재탐지설비</u>의 작동과 연동하여 작동할 수 있는 것으로 할 것

05
비상방송설비 음향장치 설치기준 중 11층 (공동주택의 경우 16층) 이상의 특정 대상물의 1층에서 발화한 때의 경보 기준으로 옳은 것은?

① 발화층에 경보를 발할 것
② 발화층 및 그 직상층에 경보를 발할 것
③ 발화층·그 직상층 및 지하층에 경보를 발할 것
④ 발화층·그 직상 4개층 및 지하층에 경보를 발할 것

> **정답** ④
> **해설** ● 우선경보방식
> ㉠ 대상 : 층수가 11층(공동주택의 경우에는 16층) 이상의 특정소방대상물
> ㉡ 경보방식
>
> | | 30층 미만 건축물 | 30층 이상 건축물(고층건축물) |
> | --- | --- | --- |
> | 2층 이상 | 발화층, 직상 4개층 | 발화층, 직상 4개층 |
> | 1층 | 발화층, 직상 4개층, 지하층 | 발화층, 직상 4개층, 지하층 |
> | 지하층 | 발화층, 직상층, 기타 지하층 | 발화층, 직상층, 기타 지하층 |

CHAPTER 05 가스누설경보기

01 가스누설경보기

보일러 등 가스연소기에서 액화석유가스(LPG), 액화천연가스(LNG) 등의 가연성가스가 새는 것을 탐지하여 관계자나 이용자에게 경보하여 주는 것을 말한다. 다만, 탐지소자 외의 방법에 의하여 가스가 새는 것을 탐지하는 것, 점검용으로 만들어진 휴대용탐지기 또는 연동기기에 의하여 경보를 발하는 것은 제외한다.

(1) 정의

① **가연성가스 경보기** : 보일러 등 가스연소기에서 액화석유가스(LPG), 액화천연가스(LNG) 등의 가연성가스가 새는 것을 탐지하여 관계자나 이용자에게 경보하여 주는 것을 말한다. 다만, 탐지소자 외의 방법에 의하여 가스가 새는 것을 탐지하는 것, 점검용으로 만들어진 휴대용탐지기 또는 연동기기에 의하여 경보를 발하는 것은 제외한다.

② **일산화탄소 경보기** : 일산화탄소가 새는 것을 탐지하여 관계자나 이용자에게 경보하여 주는 것을 말한다. 다만, 탐지소자 외의 방법에 의하여 가스가 새는 것을 탐지하는 것, 점검용으로 만들어진 휴대용탐지기 또는 연동기기에 의하여 경보를 발하는 것은 제외한다.

③ **탐지부** : 가스누설경보기(이하 "경보기"라 한다) 중 가스누설을 탐지하여 중계기 또는 수신부에 가스누설 신호를 발신하는 부분을 말한다.

④ **수신부** : 경보기 중 탐지부에서 발하여진 가스누설 신호를 직접 또는 중계기를 통하여 수신하고 이를 관계자에게 음향으로서 경보하여 주는 것을 말한다.

⑤ **분리형** : 탐지부와 수신부가 분리되어 있는 형태의 경보기를 말한다.

⑥ **단독형** : 탐지부와 수신부가 일체로 되어 있는 형태의 경보기를 말한다.

⑦ **가스연소기** : 가스레인지 또는 가스보일러 등 가연성가스를 이용하여 불꽃을 발생하는 장치를 말한다.

(2) 가연성 가스 경보기
: 가연성가스를 사용하는 가스연소기가 있는 경우에는 가연성가스(액화석유가스(LPG), 액화천연가스(LNG) 등)의 종류에 적합한 경보기를 가스연소기 주변에 설치해야 한다.

① 분리형 경보기

㉠ 수신부 설치기준

ⓐ 가스연소기 주위의 경보기의 상태 확인 및 유지 관리에 용이한 위치에 설치할 것

ⓑ 가스누설 음향의 음량과 음색이 다른 기기의 소음 등과 명확히 구별될 것

ⓒ 가스누설 음향은 수신부로부터 1m 떨어진 위치에서 음압이 70dB 이상일 것

ⓓ 수신부의 조작 스위치는 바닥으로부터의 높이가 0.8m 이상 1.5m 이하인 장소에 설치할 것

ⓔ 수신부가 설치된 장소에는 관계자 등에게 신속히 연락할 수 있도록 비상연락 번호를 기재한 표를 비치할 것

ⓒ 탐지부 설치기준
    ⓐ 탐지부는 가스연소기의 중심으로부터 직선거리 8m(공기보다 무거운 가스를 사용하는 경우에는 4m) 이내에 1개 이상 설치하여야 한다.
    ⓑ 탐지부는 천정으로부터 탐지부 하단까지의 거리가 0.3m 이하가 되도록 설치한다. 다만, 공기보다 무거운 가스를 사용하는 경우에는 바닥면으로부터 탐지부 상단까지의 거리는 0.3m 이하로 한다.

② 단독형 경보기
  ㉠ 설치기준
    ⓐ 가스연소기 주위의 경보기의 상태 확인 및 유지 관리에 용이한 위치에 설치할 것
    ⓑ 가스누설 음향의 음량과 음색이 다른 기기의 소음 등과 명확히 구별될 것
    ⓒ 가스누설 음향장치는 수신부로부터 1m 떨어진 위치에서 음압이 70dB 이상일 것
    ⓓ 단독형 경보기는 가스연소기의 중심으로부터 직선거리 8m(공기보다 무거운 가스를 사용하는 경우에는 4m) 이내에 1개 이상 설치하여야 한다.
    ⓔ 단독형 경보기는 천장으로부터 경보기 하단까지의 거리가 0.3m 이하가 되도록 설치한다. 다만, 공기보다 무거운 가스를 사용하는 경우에는 바닥면으로부터 단독형 경보기 상단까지의 거리는 0.3m 이하로 한다.
    ⓕ 경보기가 설치된 장소에는 관계자 등에게 신속히 연락할 수 있도록 비상연락 번호를 기재한 표를 비치할 것

(3) 일산화탄소 경보기 : 일산화탄소 경보기를 설치하는 경우(타 법령에 따라 일산화탄소 경보기를 설치하는 경우를 포함한다)에는 가스연소기 주변(타 법령에 따라 설치하는 경우에는 해당 법령에서 지정한 장소)에 설치할 수 있다.

① 분리형 경보기
  ㉠ 수신부 설치기준
    ⓐ 가스누설 음향의 음량과 음색이 다른 기기의 소음 등과 명확히 구별될 것
    ⓑ 가스누설 음향은 수신부로부터 1m 떨어진 위치에서 음압이 70dB 이상일 것
    ⓒ 수신부의 조작 스위치는 바닥으로부터의 높이가 0.8m 이상 1.5m 이하인 장소에 설치할 것
    ⓓ 수신부가 설치된 장소에는 관계자 등에게 신속히 연락할 수 있도록 비상연락 번호를 기재한 표를 비치할 것
  ㉡ 탐지부 설치기준
    분리형 경보기의 탐지부는 천정으로부터 탐지부 하단까지의 거리가 0.3m 이하가 되도록 설치한다.

② 단독형 경보기
  ㉠ 설치기준
    ⓐ 가스누설 음향의 음량과 음색이 다른 기기의 소음 등과 명확히 구별될 것
    ⓑ 가스누설 음향장치는 수신부로부터 1m 떨어진 위치에서 음압이 70dB 이상일 것

ⓒ 단독형 경보기는 천장으로부터 경보기 하단까지의 거리가 0.3m 이하가 되도록 설치한다.

ⓓ 경보기가 설치된 장소에는 관계자 등에게 신속히 연락할 수 있도록 비상연락 번호를 기재한 표를 비치할 것

(4) 분리형 경보기의 탐지부 및 단독형 경보기 설치제외장소

① 출입구 부근 등으로서 외부의 기류가 통하는 곳
② 환기구 등 공기가 들어오는 곳으로부터 1.5m 이내인 곳
③ 연소기의 폐가스에 접촉하기 쉬운 곳
④ 가구·보·설비 등에 가려져 누설가스의 유통이 원활하지 못한 곳
⑤ 수증기, 기름 섞인 연기 등이 직접 접촉될 우려가 있는 곳

(5) 전원 : 경보기는 건전지 또는 교류전압의 옥내간선을 사용하여 상시 전원이 공급되도록 해야 한다.

CHAPTER 06 누전경보기
[시행 2022. 12. 1.] [2022. 12. 1., 제정]

01 누전경보기

사용전압 600V 이하인 경계전로의 누설전류를 검출하여 당해 소방 대상물의 관계자에게 경보를 발하는 설비로서 변류기와 수신부로 구성된 것이다.

계약전류용량(같은 건축물에 계약 종류가 다른 전기가 공급되는 경우에는 그 중 최대계약전류용량을 말한다)이 100암페어를 초과하는 특정소방대상물(내화구조가 아닌 건축물로서 벽·바닥 또는 반자의 전부나 일부를 불연재료 또는 준불연재료가 아닌 재료에 철망을 넣어 만든 것만 해당한다)에 설치하여야 한다. 다만, 위험물 저장 및 처리 시설 중 가스시설, 지하가 중 터널 또는 지하구의 경우에는 그러하지 아니하다.

(1) 정의

① 누전경보기 : 내화구조가 아닌 건축물로서 벽, 바닥 또는 천장의 전부나 일부를 불연재료 또는 준불연재료가 아닌 재료에 철망을 넣어 만든 건물의 전기설비로부터 누설전류를 탐지하여 경보를 발하며 변류기와 수신부로 구성된 것

② 수신부 : 변류기로부터 검출된 신호를 수신하여 누전의 발생을 해당 특정소방대상물의 관계인에게 경보하여 주는 것(차단기구를 갖는 것을 포함)

③ 변류기 : 경계전로의 누설전류를 자동적으로 검출하여 이를 누전경보기의 수신부에 송신하는 것

④ 경계전로 : 누전경보기가 누설전류를 검출하는 대상 전선로

⑤ 분전반 : 배전반으로부터 전력을 공급받아 부하에 전력을 공급해주는 것W

⑥ 인입선 : 배전선로에서 갈라져서 직접 수용장소의 인입구에 이르는 부분의 전선

⑦ 정격전류 : 전기기기의 정격출력 상태에서 흐르는 전류

(2) 작동원리

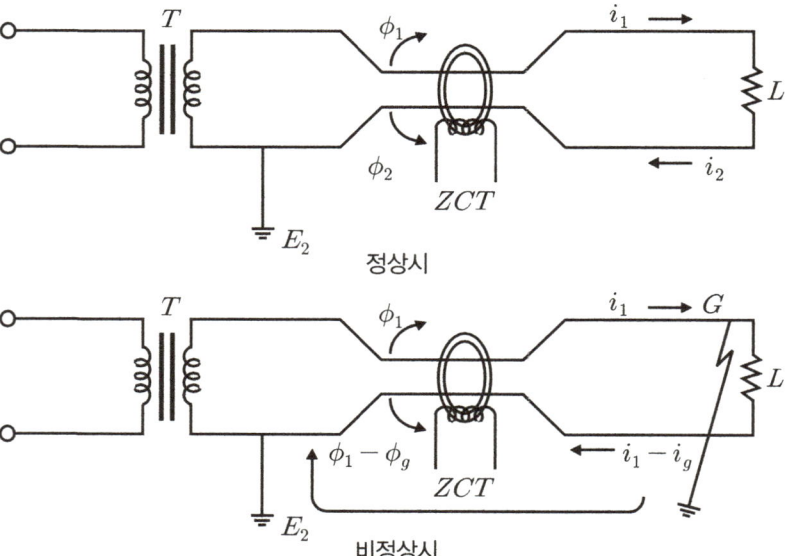

(3) 수신기 내부 구조 블록도

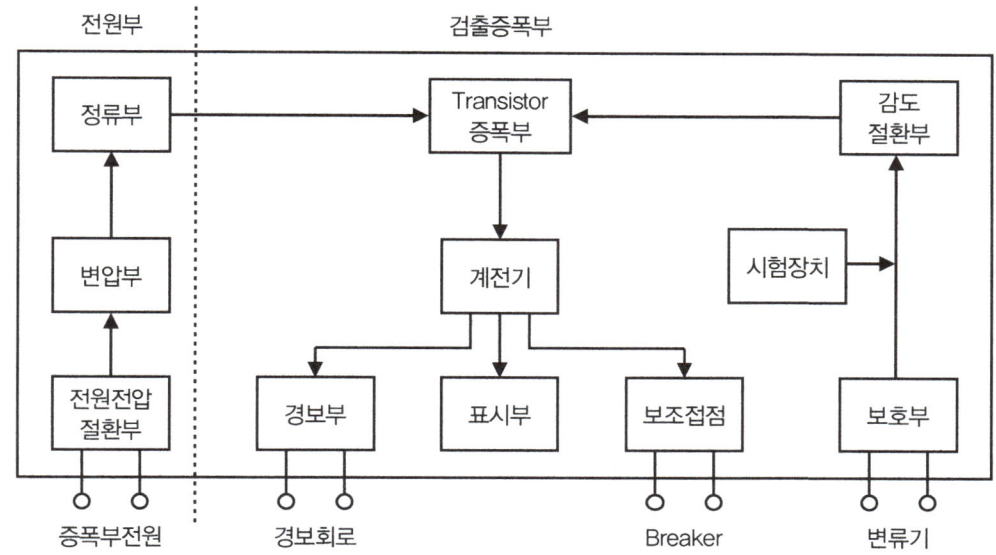

(4) 설치방법

① 경계전로의 정격전류

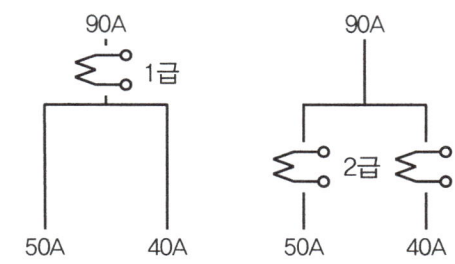

정격전류	60[A] 초과	60[A] 이하
경보기 종류	1급	1급 또는 2급

경계전로의 정격전류가 60 A를 초과하는 전로에 있어서는 1급 누전경보기를, 60 A 이하의 전로에 있어서는 1급 또는 2급 누전경보기를 설치할 것. 다만, 정격전류가 60 A를 초과하는 경계전로가 분기되어 각 분기회로의 정격전류가 60 A 이하로 되는 경우 당해 분기회로마다 2급 누전경보기를 설치한 때에는 당해 경계전로에 1급 누전경보기를 설치한 것으로 본다.

② 변류기

㉠ 옥외 인입선의 제1지점의 부하측 또는 제2종 접지선측의 점검이 쉬운 위치에 설치

㉡ 다만, 인입선의 형태 또는 특정소방대상물의 구조상 부득이한 경우에는 인입구에 근접한 옥내에 설치할 수 있다.

㉢ 변류기를 옥외의 전로에 설치하는 경우에는 옥외형으로 설치할 것

(5) 수신부

① 설치장소

㉠ 누전경보기의 수신부는 옥내의 점검에 편리한 장소에 설치하되, 가연성의 증기·먼지 등이 체류할 우려가 있는 장소의 전기회로에는 해당 부분의 전기회로를 차단할 수 있는 차단기구를 가진 수신부를 설치하여야 한다. 이 경우 차단기구의 부분은 해당 장소 외의 안전한 장소에 설치해야 한다.

㉡ 음향장치는 수위실 등 상시 사람이 근무하는 장소에 설치하여야 하며, 그 음량 및 음색은 다른 기기의 소음 등과 명확히 구별할 수 있는 것으로 해야 한다.

② 설치제외장소

㉠ 가연성의 증기·먼지·가스 등이나 부식성의 증기·가스 등이 다량으로 체류하는 장소

㉡ 화약류를 제조하거나 저장 또는 취급하는 장소

㉢ 습도가 높은 장소

㉣ 온도의 변화가 급격한 장소

㉤ 대전류회로·고주파 발생회로 등에 따른 영향을 받을 우려가 있는 장소

③ 형식승인 및 제품검사의 기술기준(수신부 구조)

㉠ 전원을 표시하는 장치를 설치하여야 한다.(2급 제외)

㉡ 수신부는 다음 회로에 단락이 생기는 경우에는 유효하게 보호되는 조치를 강구하여야 한다.
　ⓐ 전원 입력측의 회로(2급 제외)
　ⓑ 수신부에서 외부의 음향장치와 표시등에 대하여 직접 전력을 공급하도록 구성된 외부 회로

㉢ 감도조정장치를 제외하고 감도조정부는 외함의 바깥쪽에 노출되지 아니하여야 한다.

㉣ 주전원의 양극을 동시에 개폐할 수 있는 전원스위치를 설치하여야 한다.

㉤ 전원입력 및 외부부하에 직접 전원을 송출하도록 구성된 회로에는 퓨즈 또는 브레이커 등을 설치하여야 한다.

(6) 전원

① 전원은 분전반으로부터 전용회로로 하고, 각 극에 개폐기 및 15A 이하의 과전류차단기(배선용 차단기에 있어서는 20A 이하의 것으로 각 극을 개폐할 수 있는 것)를 설치할 것

② 전원을 분기할 때에는 다른 차단기에 따라 전원이 차단되지 아니하도록 할 것

③ 전원의 개폐기에는 "누전경보기용"이라고 표시한 표지를 할 것

(7) 형식승인 및 제품검사의 기술기준

① 표시등

㉠ 전구는 사용전압의 130%인 교류전압을 20시간 연속하여 가하는 경우 단선, 현저한 광속 변화, 흑화, 전류의 저하 등이 발생하지 아니하여야 한다.

㉡ 소켓은 접촉이 확실하여야 하며 쉽게 전구를 교체할 수 있도록 부착하여야 한다.

㉢ 전구는 2개 이상을 병렬로 접속하여야 한다. 다만, 방전등 또는 발광다이오드의 경우에는 그러하지 아니한다.

ⓔ 전구에는 적당한 보호카바를 설치하여야 한다. 다만, 발광다이오드의 경우에는 그러하지 아니하다.

ⓜ 누전화재의 발생을 표시하는 표시등(누전등)이 설치된 것은 등이 켜질 때 적색으로 표시되어야 하며, 누전화재가 발생한 경계전로의 위치를 표시하는 표시등(지구등)과 기타의 표시등은 다음과 같아야 한다.

ⓐ 지구등은 적색으로 표시되어야 한다. 이 경우 누전등이 설치된 수신부의 지구등은 적색외의 색으로도 표시할 수 있다.

ⓑ 기타의 표시등은 적색외의 색으로 표시되어야 한다. 다만, 누전등 및 지구등과 쉽게 구별할 수 있도록 부착된 기타의 표시등은 적색으로도 표시할 수 있다.

ⓗ 주위의 밝기가 300ℓx인 장소에서 측정하여 앞면으로부터 3m 떨어진 곳에서 켜진 등이 확실히 식별되어야 한다.

② 음향장치

㉠ 사용전압의 80%인 전압에서 소리를 내어야 한다.

㉡ 사용전압에서의 음압은 무향실내에서 정위치에 부착된 음향장치의 중심으로부터 1m 떨어진 지점에서 누전경보기는 70dB 이상이어야 한다. 다만, 고장표시장치용 등의 음압은 60 dB이상이어야 한다.

③ 변압기

㉠ 정격1차 전압은 300V 이하로 한다.

㉡ 변압기의 외함에는 접지단자를 설치하여야 한다.

④ 차단기구

㉠ 개폐부는 원활하고 확실하게 작동하여야 하며 정지점이 명확하여야 한다.

㉡ 개폐부는 수동으로 개폐되어야 하며 자동적으로 복귀하지 아니하여야 한다.

㉢ 개폐부는 KS C 4613(누전차단기)에 적합한 것이어야 한다.

⑤ 공칭작동전류치

㉠ 누전경보기의 공칭작동전류치 : 200 mA 이하

㉡ 제1항의 규정은 감도조정장치를 가지고 있는 누전경보기에 있어서도 그 조정범위의 최소치에 대하여 이를 적용한다.

⑥ 감도조정장치

감도조정장치를 갖는 누전경보기에 있어서 감도조정장치의 조정범위는 최대치가 1A 이어야 한다.

⑦ 절연저항시험

㉠ 변류기는 DC 500V의 절연저항계로 다음에 의한 시험을 하는 경우 5MΩ 이상이어야 한다.

ⓐ 절연된 1차권선과 2차권선간의 절연저항

ⓑ 절연된 1차권선과 외부금속부간의 절연저항

ⓒ 절연된 2차권선과 외부금속부간의 절연저항

  Ⓘ 수신부는 절연된 충전부와 외함간 및 차단기구의 개폐부(열린 상태에서는 같은 극의 전원 단자와 부하측단자와의 사이, 닫힌 상태에서는 충전부와 손잡이 사이)의 절연저항을 DC 500V의 절연저항계로 측정하는 경우 5㏁ 이상이어야 한다.

⑧ 전압강하시험

 변류기(경계전로의 전선을 그 변류기에 관통시키는 것은 제외한다)는 경계전로에 정격전류를 흘리는 경우, 그 경계전로의 전압강하는 0.5V 이하이어야 한다.

⑨ 반복시험

 수신부는 그 정격전압에서 1만회의 누전작동시험을 실시하는 경우 그 구조 또는 기능에 이상이 생기지 아니하여야 한다.

CHAPTER 06 누전경보기

01 다음 누전경보기의 화재안전기술기준(NFTC 205)에서 ( ) 안에 들어갈 내용으로 옳은 것은?

> 누전경보기란 ( ) 이하인 경계전로의 누설전류 또는 지락전류를 검출하여 당해 소방 대상물의 관계인에게 경보를 발하는 설비로서 변류기와 수신부로 구성된 것을 말한다.

① 사용전압 220 V   ② 사용전압 380 V
③ 사용전압 600 V   ④ 사용전압 750 V

정답 ③

해설 ● 누전경보기
사용전압 600V 이하인 경계전로의 누설전류를 검출하여 당해 소방 대상물의 관계자에게 경보를 발하는 설비로서 변류기와 수신부로 구성된 것

02 누전경보기를 설치하여야 하는 특정소방 대상물의 기준 중 다음 ( ) 안에 알맞은 것은? (단, 위험물 저장 및 처리 시설 중 가스시설, 지하가 중 터널 또는 지하구의 경우는 제외한다.)

> 누전경보기는 계약전류량이 ( ) A를 초과하는 특정소방대상물(내화구조가 아닌 건축물로서 벽·바닥 또는 반자의 전부나 일부를 불연재료 또는 준불연재료가 아닌 재료에 철망을 넣어 만든 것만 해당)에 설치 하여야 한다.

① 60   ② 100
③ 200   ④ 300

정답 ②

해설 ● 누전경보기 설치대상
계약전류용량(같은 건축물에 계약 종류가 다른 전기가 공급되는 경우에는 그 중 최대계약전류용량을 말한다)이 100암페어를 초과하는 특정소방대상물(내화구조가 아닌 건축물로서 벽·바닥 또는 반자의 전부나 일부를 불연재료 또는 준불연재료가 아닌 재료에 철망을 넣어 만든 것만 해당한다)에 설치하여야 한다. 다만, 위험물 저장 및 처리 시설 중 가스시설, 지하가 중 터널 또는 지하구의 경우에는 그러하지 아니하다.

03 누전경보기 전원의 설치기준 중 다음 (   )안에 알맞은 것은?

> 전원은 분전반으로부터 전용회로로 하고, 각 극에 개폐기 및 (㉠)A 이하의 과전류 차단기(배선용 차단기에 있어서는 (㉡)A 이하의 것으로 각 극을 개폐할 수 있는것)를 설치할 것

① ㉠ 15, ㉡ 30   ② ㉠ 15, ㉡ 20
③ ㉠ 10, ㉡ 30   ④ ㉠ 10, ㉡ 20

정답 ②
해설 • 누전경보기 전원
① 전원은 분전반으로부터 전용회로로 하고, 각 극에 개폐기 및 15A 이하의 과전류차단기(배선용 차단기에 있어서는 20A 이하의 것으로 각 극을 개폐할 수 있는 것)를 설치 할 것
② 전원을 분기할 때에는 다른 차단기에 따라 전원이 차단되지 아니하도록 할 것
③ 전원의 개폐기에는 누전경보기용임을 표시한 표지를 할 것

04 누전경보기 변류기의 절연저항시험 부위가 <u>아닌</u> 것은?
① 절연된 1차권선과 단자판 사이
② 절연된 1차권선과 외부금속부 사이
③ 절연된 1차권선과 2차권선 사이
④ 절연된 2차권선과 외부금속부 사이

정답 ①
해설 • 누전경보기의 형식승인 및 제품검사의 기술기준
　• 절연저항시험
　변류기는 DC 500V의 절연저항계로 다음에 의한 시험을 하는 경우 5MΩ 이상이어야 한다.
　① 절연된 1차권선과 2차권선간의 절연저항
　② 절연된 1차권선과 외부금속부간의 절연저항
　③ 절연된 2차권선과 외부금속부간의 절연저항

PART 02
피난구조설비

CHAPTER 01 유도등 및 유도표지
CHAPTER 02 비상조명등

CHAPTER 01 유도등 및 유도표지
[시행 2024. 7. 1.] [2024. 7. 1. 일부개정]

01 유도등 및 유도표지

유도등이란 화재 시에 피난을 유도하기 위한 등으로서 정상상태에서는 상용전원에 따라 켜지고 상용전원이 정전되는 경우에는 비상전원으로 자동전환되어 켜지는 등을 말한다.

(1) 용어의 정의

① 피난구유도등 : 피난구 또는 피난경로로 사용되는 출입구를 표시하여 피난을 유도하는 등
② 통로유도등 : 피난통로를 안내하기 위한 유도등으로 복도통로유도등, 거실통로유도등, 계단통로유도등
③ 복도통로유도등 : 피난통로가 되는 복도에 설치하는 통로유도등으로서 피난구의 방향을 명시하는 것
④ 거실통로유도등 : 거주, 집무, 작업, 집회, 오락 그 밖에 이와 유사한 목적을 위하여 계속적으로 사용하는 거실, 주차장 등 개방된 통로에 설치하는 유도등으로 피난의 방향을 명시하는 것
⑤ 계단통로유도등 : 피난통로가 되는 계단이나 경사로에 설치하는 통로유도등으로 바닥면 및 디딤 바닥면을 비추는 것
⑥ 객석유도등 : 객석의 통로, 바닥 또는 벽에 설치하는 유도등
⑦ 피난구유도표지 : 피난구 또는 피난경로로 사용되는 출입구를 표시하여 피난을 유도하는 표지
⑧ 통로유도표지 : 피난통로가 되는 복도, 계단등에 설치하는 것으로서 피난구의 방향을 표시하는 유도표지
⑨ 피난유도선 : 햇빛이나 전등불에 따라 축광(이하 "축광방식"이라 한다)하거나 전류에 따라 빛을 발하는(이하 "광원점등방식"이라 한다) 유도체로서 어두운 상태에서 피난을 유도할 수 있도록 띠 형태로 설치되는 피난유도시설
⑩ 입체형 : 유도등 표시면을 2면 이상으로 하고 각 면마다 피난유도표시가 있는 것
⑪ 3선식 배선 : 평상시에는 유도등을 소등 상태로 유도등의 비상전원을 충전하고, 화재 등 비상시 점등 신호를 받아 유도등을 자동으로 점등되도록 하는 방식의 배선

(2) 설치장소별 유도등 및 유도표지의 종류 (표2.1.1 설치장소별 유도등 및 유도표지 종류)

설 치 장 소	유도등 및 유도표지의 종류
1. 공연장·집회장(종교집회장 포함)·관람장·운동시설	• 대형피난구유도등 • 통로유도등 • 객석유도등
2. 유흥주점영업시설(유흥주점영업중 손님이 춤을 출 수 있는 무대가 설치된 카바레, 나이트클럽 또는 그 밖에 이와 비슷한 영업시설만 해당)	
3. 위락시설·판매시설·운수시설·관광숙박업·의료시설·장례식장·방송통신시설·전시장·지하상가·지하철역사	• 대형피난유도등 • 통로유도등

4. 숙박시설(제3호의 관광숙박업 외의 것)·오피스텔 5. 제1호부터 제3호까지 외의 건물로서 지하층·무창층 또는 층수가 11층 이상인 특정소방대상물	• 중형피난구유도등 • 통로유도등
6. 1호부터 5호까지 외의 건물로서 근린생활시설·노유자시설·업무시설·발전시설·종교시설(집회장 용도로 사용하는 부분 제외)·교육연구시설·수련시설·공장·창고시설·교정 및 군사시설(국방·군사시설 제외)·기숙사·자동차정비공장·운전학원 및 정비학원·다중이용업소·복합건축물	• 소형피난유도등 • 통로유도등
7. 그 밖의 것	• 피난구유도표지 • 통로유도표지

※ 비고 :
1. 소방서장은 특정소방대상물의 위치·구조 및 설비의 상황을 판단하여 대형피난구유도등을 설치하여야 할 장소에 중형피난구유도등 또는 소형피난구유도등을, 중형피난구유도등을 설치하여야 할 장소에 소형피난구유도등을 설치하게 할 수 있다.
2. 복합건축물과 아파트의 경우, 주택의 세대 내에는 유도등을 설치하지 않을수 있다.

(3) 피난구유도등

① 설치장소
  ㉠ 옥내로부터 직접 지상으로 통하는 출입구 및 그 부속실의 출입구
  ㉡ 직통계단·직통계단의 계단실 및 그 부속실의 출입구
  ㉢ ㉠와 ㉡에 따른 출입구에 이르는 복도 또는 통로로 통하는 출입구
  ㉣ 안전구획된 거실로 통하는 출입구

② 설치기준
  ㉠ 유도등의 표시면 색상 : 녹색바탕, 백색문자
  ㉡ 피난구의 바닥으로부터 높이 1.5m 이상으로서 출입구에 인접하도록 설치해야 한다.
  ㉢ 피난층으로 향하는 피난구의 위치를 안내할 수 있도록 출입구 인근 천장에 기준에 따라 설치된 피난구유도등의 면과 수직이 되도록 피난구유도등을 추가로 설치해야 한다. 다만, 설치된 피난구유도등이 입체형인 경우에는 그렇지 않다.

③ 형식승인 및 제품검사의 기술기준(식별도시험)
  ㉠ 상용전원 : 주위조도 $10\ell x$에서 $30\ell x$로 직선거리 30m의 위치에서 보통시력으로 피난유도표시에 대한 식별이 가능할 것
  ㉡ 비상전원 : 주위조도 $0\ell x$에서 $1\ell x$로 직선거리 20m의 위치에서 보통시력으로 피난유도표시에 대한 식별이 가능할 것

(4) 통로유도등

① 복도통로유도등 설치기준
- ㉠ 복도에 설치하되 피난구유도등이 설치된 출입구의 맞은편 복도에는 입체형으로 설치하거나, 바닥에 설치할 것
- ㉡ 구부러진 모퉁이 및 ㉠목에 따라 설치된 통로유도등을 기점으로 보행거리 20m 마다 설치할 것
- ㉢ 바닥으로부터 높이 1m 이하의 위치에 설치할 것. 다만, 지하층 또는 무창층의 용도가 도매시장·소매시장·여객자동차터미널·지하역사 또는 지하상가인 경우에는 복도·통로 중앙부분의 바닥에 설치해야한다.
- ㉣ 바닥에 설치하는 통로유도등은 하중에 따라 파괴되지 아니하는 강도의 것으로 할 것

② 거실통로유도등 설치기준
- ㉠ 거실의 통로에 설치할 것. 다만, 거실의 통로가 벽체 등으로 구획된 경우에는 복도통로유도등을 설치할 것
- ㉡ 구부러진 모퉁이 및 보행거리 20m 마다 설치할 것
- ㉢ 바닥으로부터 높이 1.5m 이상의 위치에 설치할 것. 다만, 거실통로에 기둥이 설치된 경우에는 기둥부분의 바닥으로부터 높이 1.5m 이하의 위치에 설치할 수 있다.

③ 계단통로유도등 설치기준
- ㉠ 각층의 경사로 참 또는 계단참마다(1개층에 경사로 참 또는 계단참이 2 이상 있는 경우에는 2개의 계단참마다)설치할 것
- ㉡ 바닥으로부터 높이 1m 이하의 위치에 설치할 것

④ 공통 설치기준
- ㉠ 유도등의 표시면 색상 : 백색바탕, 녹색문자
- ㉡ 통행에 지장이 없도록 설치할 것
- ㉢ 주위에 이와 유사한 등화광고물·게시물 등을 설치하지 아니할 것

⑤ 거실통로유도등 형식승인 및 제품검사의 기술기준(식별도시험)
- ㉠ 상용전원 : 주위조도 10ℓx에서 30ℓx로 직선거리 30m의 위치에서 보통시력으로 피난유도표시에 대한 식별이 가능할 것
- ㉡ 비상전원 : 주위조도 0ℓx에서 1ℓx로 직선거리 20m의 위치에서 보통시력으로 피난유도표시에 대한 식별이 가능할 것

⑥ 복도통로유도등 형식승인 및 제품검사의 기술기준(식별도시험)
- ㉠ 상용전원 : 직선거리 20m의 위치에서 보통시력에 의하여 표시면의 화살표가 쉽게 식별 가능할 것
- ㉡ 비상전원 : 직선거리 15m의 위치에서 보통시력에 의하여 표시면의 화살표가 쉽게 식별 가능할 것

(5) 객석유도등

① 객석유도등은 객석의 통로, 바닥 또는 벽에 설치해야 한다.

② 객석 내의 통로가 경사로 또는 수평로로 되어 있는 부분은 다음의 식에 따라 산출한 수(소수점 이하의 수는 1로 본다)의 유도등을 설치해야한다.

$$설치개수 = \frac{객석의\ 통로의\ 직선부분의\ 길이(m)}{4} - 1$$

③ 객석 내의 통로가 옥외 또는 이와 유사한 부분에 있는 경우에는 해당 통로 전체에 미칠 수 있는 수의 유도등을 설치해야 한다.

(6) 유도표지

① 설치기준
  ㉠ 계단에 설치하는 것을 제외하고는 각 층마다 복도 및 통로의 각 부분으로부터 하나의 유도표지까지의 보행거리가 15m 이하가 되는 곳과 구부러진 모퉁이의 벽에 설치할 것
  ㉡ 피난구유도표지는 출입구 상단에 설치하고, 통로유도표지는 바닥으로부터 높이 1 m 이하의 위치에 설치할 것
  ㉢ 주위에는 이와 유사한 등화·광고물·게시물 등을 설치하지 아니할 것
  ㉣ 유도표지는 부착판 등을 사용하여 쉽게 떨어지지 아니하도록 설치할 것
  ㉤ 축광방식의 유도표지는 외광 또는 조명장치에 의하여 상시 조명이 제공되거나 비상조명 등에 의한 조명이 제공되도록 설치할 것

② 성능인증 및 제품검사의 기술기준(식별도 시험)
  ㉠ 식별도시험 : 200ℓx밝기의 광원으로 20분간 조사시킨 상태에서 다시 주위조도를 0ℓx로 하여 60분간 발광시킨 후 직선거리 20m(축광위치표지의 경우 10m)떨어진 위치에서 유도표지 또는 위치표지가 있다는 것이 식별되어야 하고, 유도표지는 직선거리 3m의 거리에서 표시면의 표시중 주체가 되는 문자 또는 주체가 되는 화살표등이 쉽게 식별되어야 한다.
  ㉡ 휘도시험 : 0ℓx 상태에서 1시간 이상 방치한 후 200ℓx 밝기의 광원으로 20분간 조사시킨 상태에서 다시 주위조도를 0ℓx로 하여 60분간 발광시킨 후의 휘도는 1㎡당 7mcd 이상이어야 한다.

(7) 피난유도선

① 축광방식의 피난유도선 설치기준
  ㉠ 구획된 각 실로부터 주출입구 또는 비상구까지 설치할 것
  ㉡ 바닥으로부터 높이 50㎝ 이하의 위치 또는 바닥 면에 설치할 것
  ㉢ 피난유도 표시부는 50㎝ 이내의 간격으로 연속되도록 설치
  ㉣ 부착대에 의하여 견고하게 설치할 것
  ㉤ 외부의 빛 또는 조명장치에 의하여 상시 조명이 제공되거나 비상조명등에 의한 조명이 제공되도록 설치 할 것

② 광원점등방식의 피난유도선 설치기준
  ㉠ 구획된 각 실로부터 주출입구 또는 비상구까지 설치할 것
  ㉡ 피난유도 표시부는 바닥으로부터 높이 1m 이하의 위치 또는 바닥 면에 설치할 것

ⓒ 피난유도 표시부는 50㎝ 이내의 간격으로 연속되도록 설치하되 실내장식물 등으로 설치가 곤란할 경우 1m 이내로 설치할 것
　　ⓔ 수신기로부터의 화재신호 및 수동조작에 의하여 광원이 점등되도록 설치할 것
　　ⓜ 비상전원이 상시 충전상태를 유지하도록 설치할 것
　　ⓗ 바닥에 설치되는 피난유도 표시부는 매립하는 방식을 사용할 것
　　ⓢ 피난유도 제어부는 조작 및 관리가 용이하도록 바닥으로부터 0.8m 이상 1.5m 이하의 높이에 설치할 것

(8) 유도등의 전원

① 상용전원

　유도등의 전원은 축전지설비, 전기저장장치(외부 전기에너지를 저장해 두었다가 필요한 때 전기를 공급하는 장치) 또는 교류전압의 옥내간선으로 하고, 전원까지의 배선은 전용으로 하여야 한다.

② 비상전원

　ⓐ 축전지로 할 것
　ⓑ 유도등을 20분 이상 유효하게 작동시킬 수 있는 용량으로 할 것. 다만, 다음의 특정소방대상물의 경우에는 그 부분에서 피난층에 이르는 부분의 유도등을 60분 이상 유효하게 작동시킬 수 있는 용량으로 해야 한다.
　　ⓐ 지하층을 제외한 층수가 11층 이상의 층
　　ⓑ 지하층 또는 무창층으로서 용도가 도매시장·소매시장·여객자동차터미널·지하역사 또는 지하상가

③ 형식승인 및 제품검사의 기술기준(일반구조)

　ⓐ 주전원 및 비상전원을 단락사고 등으로부터 보호할 수 있는 퓨즈 등 과전류 보호장치를 설치하여야 한다. 다만, 객석유도등은 그러하지 아니하다.
　ⓑ 사용전압은 300V 이하이어야 한다. 다만, 충전부가 노출되지 아니한 것은 300V를 초과할 수 있다.
　ⓒ 축전지에 배선 등을 직접 납땜하지 아니하여야 한다.
　ⓓ 전선의 굵기는 인출선인 경우에는 단면적이 0.75㎟ 이상, 인출선 외의 경우에는 면적이 0.5㎟ 이상이어야 한다.
　ⓔ 인출선의 길이는 전선인출 부분으로부터 150㎜ 이상이어야 한다. 다만, 인출선으로 하지 아니할 경우에는 풀어지지 아니하는 방법으로 전선을 쉽고 확실하게 부착할 수 있도록 접속단자를 설치하여야 한다.
　ⓕ 유도등에는 점멸, 음성 또는 이와 유사한 방식 등에 의한 유도장치를 설치할 수 있다.
　ⓖ 극성이 있는 경우에는 오접속을 방지하기 위하여 필요한 조치를 하여야 한다.
　ⓗ 예비전원은 다음 각 목에 적합하게 설치하여야 한다
　　ⓐ 유도등의 주전원으로 사용하여서는 아니 된다.
　　ⓑ 인출선을 사용하는 경우에는 적당한 색깔에 의하여 쉽게 구분할 수 있어야 한다.

ⓒ 먼지, 수분등에 의하여 성능에 지장이 생길 우려가 있는 부분은 적당한 보호카바를 설치하여야 한다.
ⓓ 유도등의 예비전원은 알카리계·리튬계 2차 축전지 또는 콘덴서이어야 한다.
ⓔ 전기적기구에 의한 자동충전장치 및 자동과충전방지장치를 설치하여야 한다. 다만, 과충전상태가 되어도 성능 또는 구조에 이상이 생기지 아니하는 예비전원을 설치할 경우에는 자동과충전방지 장치를 설치하지 아니할 수 있다.
ⓕ 예비전원을 병렬로 접속하는 경우는 역충전 방지등의 조치를 강구하여야 한다.

(9) 유도등의 배선

① 유도등의 인입선과 옥내배선은 직접 연결할 것
② 유도등은 전기회로에 점멸기를 설치하지 아니하고 항상 점등상태를 유지할 것. 다만, 특정소방대상물 또는 그 부분에 사람이 없거나 다음 각 목의 어느 하나에 해당하는 장소로서 3선식 배선에 따라 상시 충전되는 구조인 경우에는 그러하지 아니하다.
  ㉠ 외부광에 따라 피난구 또는 피난방향을 쉽게 식별할 수 있는 장소
  ㉡ 공연장, 암실 등으로서 어두워야 할 필요가 있는 장소
  ㉢ 특정소방대상물의 관계인 또는 종사원이 주로 사용하는 장소
③ 3선식 배선은 내화배선 또는 내열배선으로 사용할 것
④ 3선식 배선으로 상시 충전되는 유도등의 전기회로에 점멸기를 설치하는 경우에는 다음 각 호의 어느 하나에 해당되는 경우에 점등되도록 하여야 한다.
  ㉠ 자동화재탐지설비의 감지기 또는 발신기가 작동되는 때
  ㉡ 비상경보설비의 발신기가 작동되는 때
  ㉢ 상용전원이 정전되거나 전원선이 단선되는 때
  ㉣ 방재업무를 통제하는 곳 또는 전기실의 배전반에서 수동으로 점등하는 때
  ㉤ 자동소화설비가 작동되는 때

(10) 유도등 및 유도표지의 제외

① 피난구유도등 제외
  ㉠ 바닥면적이 1,000㎡ 미만인 층으로서 옥내로부터 직접 지상으로 통하는 출입구(외부의 식별이 용이한 경우에 한한다)
  ㉡ 대각선 길이가 15m 이내인 구획된 실의 출입구
  ㉢ 거실 각 부분으로부터 하나의 출입구에 이르는 보행거리가 20m 이하이고 비상조명등과 유도표지가 설치된 거실의 출입구
  ㉣ 출입구가 3 이상 있는 거실로서 그 거실 각 부분으로부터 하나의 출입구에 이르는 보행거리가 30m 이하인 경우에는 주된 출입구 2개소 외의 출입구(유도표지가 부착된 출입구를 말한다). 다만, 공연장·집회장·관람장·전시장·판매시설·운수시설·숙박시설·노유자시설·의료시설·장례식장의 경우에는 그러하지 아니하다.

② 통로유도등 제외
　　㉠ 구부러지지 아니한 복도 또는 통로로서 길이가 30m 미만인 복도 또는 통로
　　㉡ ㉠에 해당하지 않는 복도 또는 통로로서 보행거리가 20m 미만이고 그 복도 또는 통로와 연결된 출입구 또는 그 부속실의 출입구에 피난구유도등이 설치된 복도 또는 통로
③ 객석유도등 제외
　　㉠ 주간에만 사용하는 장소로서 채광이 충분한 객석
　　㉡ 거실 등의 각 부분으로부터 하나의 거실출입구에 이르는 보행거리가 20m 이하인 객석의 통로로서 그 통로에 통로유도등이 설치된 객석
④ 유도표지 제외
　　유도등이 적합하게 설치된 출입구·복도·계단 및 통로

CHAPTER 01 유도등 및 유도표지

01 유도등 및 유도표지의 화재안전기술기준(NFTC 303)에 따라 운동시설에 설치하지 아니할 수 있는 유도등은?

① 통로유도등 ② 객석유도등
③ 대형피난구유도등 ④ 중형피난구유도등

정답 ④

해설 ● 설치장소별 유도등 종류

설 치 장 소	유도등의 종류
① 공연장·집회장(종교집회장 포함)·관람장·<u>운동시설</u>	• 대형피난구유도등
② 유흥주점영업시설(유흥주점영업 중 손님이 춤을 출 수 있는 무대가 설치된 카바레, 나이트클럽 또는 그 밖에 이와 비슷한 영업시설만 해당)	• 통로유도등 • 객석유도등

02 유도등 및 유도표지의 화재안전기술기준(NFTC 303)에 따른 피난구유도등의 설치장소로 **틀린** 것은?

① 직통계단
② 직통계단의 계단실
③ 안전구획된 거실로 통하는 출입구
④ 옥외로부터 직접 지하로 통하는 출입구

정답 ④

해설 ● 피난구유도등 설치장소
① <u>옥내로부터 직접 지상으로 통하는 출입구</u> 및 그 부속실의 출입구
② 직통계단·직통계단의 계단실 및 그 부속실의 출입구
③ ①와 ②에 따른 출입구에 이르는 복도 또는 통로로 통하는 출입구
④ 안전구획된 거실로 통하는 출입구

03 유도등 및 유도표지의 화재안전기술기준(NFTC 303)에 따른 통로유도등의 설치기준에 대한 설명으로 **틀린** 것은?

① 복도·거실통로유도등은 구부러진 모퉁이 및 보행거리 20m마다 설치
② 복도·계단통로유도등은 바닥으로부터 높이 1m 이하의 위치에 설치
③ 통로유도등은 녹색바탕에 백색으로 피난방향을 표시한 등으로 할 것
④ 거실통로유도등은 바닥으로부터 높이 1.5m 이상의 위치에 설치

정답 ③

해설 (보기③) 통로유도등은 녹색바탕에 백색으로 피난방향을 표시한 등으로 할 것
→ 백색바탕에 녹색문자로 표시한다.

- 유도등 표시면 색상

피난구 유도등	통로 유도등
녹색바탕, 백색문자	백색바탕, 녹색문자

04 유도등 및 유도표지의 화재안전기술기준(NFTC 303)에 따라 객석유도등을 설치하여야 하는 장소로 틀린 것은?

① 벽
② 천장
③ 바닥
④ 통로

정답 ②

해설 객석유도등은 객석의 통로, 바닥 또는 벽에 설치해야 한다.

- 객석유도등 설치기준
  ① 객석유도등은 객석의 통로, 바닥 또는 벽에 설치해야한다.
  ② 객석 내의 통로가 경사로 또는 수평로로 되어 있는 부분은 다음의 식에 따라 산출한 수(소수점 이하의 수는 1로 본다)의 유도등을 설치해야 한다.

  설치개수 = $\dfrac{객석의\ 통로의\ 직선부분의\ 길이(m)}{4} - 1$

  ③ 객석 내의 통로가 옥외 또는 이와 유사한 부분에 있는 경우에는 해당 통로 전체에 미칠 수 있는 수의 유도등을 설치해야한다.

05 객석 내의 통로의 직선부분의 길이가 85m 이다. 객석유도등을 몇 개 설치하여야 하는가?

① 17개
② 19개
③ 21개
④ 22개

정답 ③

해설
- 객석유도등 설치개수

  설치개수(N) = $\dfrac{객석의\ 통로의\ 직선부분의\ 길이(m)}{4} - 1$

  $\therefore N = \dfrac{85}{4} - 1 = 20.25 ≒ 21개$

06 유도등 및 유도표지의 화재안전기술기준(NFTC 303)에 따라 광원점등방식 피난유도선의 설치기준으로 <u>틀린</u> 것은?

① 구획된 각 실로부터 주출입구 또는 비상구까지 설치할 것
② 피난유도 표시부는 바닥으로부터 높이 1m 이하의 위치 또는 바닥 면에 설치할 것
③ 피난유도 제어부는 조작 및 관리가 용이도록 바닥으로부터 0.8m이상 1.5m 이하의 높이에 설치할 것
④ 피난유도 표시부는 50cm 이내의 간격으로 연속되도록 설치하되 실내장식물 등으로 설치가 곤란할 경우 2m 이내로 설치할 것

정답 ④

해설 (보기④) 피난유도 표시부는 50cm 이내의 간격으로 연속되도록 설치하되 실내장식물 등으로 설치가 곤란할 경우 2m 이내로 설치할 것 → ~ 설치가 곤란할 경우 1m 이내로 설치할 것

- **광원점등방식의 피난유도선 설치기준**
  ① 구획된 각 실로부터 주출입구 또는 비상구까지 설치할 것
  ② 피난유도 표시부는 바닥으로부터 높이 1m 이하의 위치 또는 바닥 면에 설치할 것
  ③ 피난유도 표시부는 50cm 이내의 간격으로 연속되도록 설치하되 실내장식물 등으로 설치가 곤란할 경우 <u>1m 이내로 설치할 것</u>
  ④ 수신기로부터의 화재신호 및 수동조작에 의하여 광원이 점등되도록 설치할 것
  ⑤ 비상전원이 상시 충전상태를 유지하도록 설치할 것
  ⑥ 바닥에 설치되는 피난유도 표시부는 매립하는 방식을 사용할 것
  ⑦ 피난유도 제어부는 조작 및 관리가 용이하도록 바닥으로부터 0.8m이상 1.5m 이하의 높이에 설치할 것

07 3선식 배선에 따라 상시 충전되는 유도등의 전기회로에 점멸기를 설치하는 경우 유도등이 점등되어야 할 경우로 <u>관계없는</u> 것은?

① 제연설비가 작동한 때
② 자동소화설비가 작동한 때
③ 비상경보설비의 발신기가 작동한 때
④ 자동화재탐지설비의 감지기가 작동한 때

정답 ①

해설 • **유도등 3선식 배선 시 점등되는 경우**
  ① 자동화재탐지설비의 감지기 또는 발신기가 작동되는 때
  ② 비상경보설비의 발신기가 작동되는 때
  ③ 상용전원이 정전되거나 전원선이 단선되는 때
  ④ 방재업무를 통제하는 곳 또는 전기실의 배전반에서 수동으로 점등하는 때
  ⑤ 자동소화설비가 작동되는 때

08 유도등 및 유도표지의 화재안전기술기준(NFTC 303)에 따라 지하층을 제외한 층수가 11층 이상인 특정소방대상물의 유도등의 비상전원을 축전지로 설치한다면 피난층에 이르는 부분의 유도등을 몇 분 이상 유효하게 작동시킬 수 있는 용량으로 하여야 하는가?

① 10   ② 20
③ 50   ④ 60

정답 ④
해설 • 유도등 비상전원
　① 축전지로 할 것
　② 유도등을 20분 이상 유효하게 작동시킬 수 있는 용량으로 할 것. 다만, 다음 각 목의 특정소방대상물의 경우에는 그 부분에서 피난층에 이르는 부분의 유도등을 60분 이상 유효하게 작동시킬 수 있는 용량으로 하여야 한다.
　　㉠ 지하층을 제외한 층수가 11층 이상의 층
　　㉡ 지하층 또는 무창층으로서 용도가 도매시장·소매시장·여객자동차터미널·지하역사 또는 지하상가

09 유도등 예비전원의 종류로 옳은 것은?
① 알칼리계 2차 축전지
② 리튬계 1차 축전지
③ 리튬 이온계 2차 축전지
④ 수은계 1차 축전지

정답 ①
해설 • 유도등의 형식승인 및 제품검사의 기술기준
　유도등의 예비전원은 알카리계·리튬계 2차 축전지 또는 콘덴서이어야 한다.

CHAPTER 02 비상조명등
[시행 2022. 12. 1.] [2022. 12. 1 제정]

01 비상조명등 및 휴대용비상조명등

(1) **비상조명등** : 화재발생 등에 따른 정전시에 안전하고 원활한 피난활동을 할 수 있도록 거실 및 피난통로 등에 설치되어 자동 점등되는 조명등

(2) **휴대용비상조명등** : 화재발생 등으로 정전시 안전하고 원활 한 피난을 위하여 피난자가 휴대할 수 있는 조명등

(3) 비상조명등
  ① 설치기준
    ㉠ 특정소방대상물의 각 거실과 그로부터 지상에 이르는 복도·계단 및 그 밖의 통로에 설치할 것
    ㉡ 조도는 비상조명등이 설치된 장소의 각 부분의 바닥에서 1ℓx 이상이 되도록 할 것
    ㉢ 예비전원을 내장하는 비상조명등에는 평상시 점등여부를 확인할 수 있는 점검스위치를 설치하고 해당 조명등을 유효하게 작동시킬 수 있는 용량의 축전지와 예비전원 충전장치를 내장할 것
    ㉣ 예비전원을 내장하지 아니하는 비상조명등의 비상전원은 자가발전설비, 축전지설비 또는 전기저장장치(외부 전기에너지를 저장해 두었다가 필요한 때 전기를 공급하는 장치)를 다음 각 목의 기준에 따라 설치하여야 한다.
      ⓐ 점검에 편리하고 화재 및 침수 등의 재해로 인한 피해를 받을 우려가 없는 곳에 설치할 것
      ⓑ 상용전원으로부터 전력의 공급이 중단된 때에는 자동으로 비상전원으로부터 전력을 공급받을 수 있도록 할 것
      ⓒ 비상전원의 설치장소는 다른 장소와 방화구획 할 것. 이 경우 그 장소에는 비상전원의 공급에 필요한 기구나 설비외의 것(열병합발전설비에 필요한 기구나 설비는 제외한다)을 두어서는 아니 된다.
      ⓓ 비상전원을 실내에 설치하는 때에는 그 실내에 비상조명등을 설치할 것
  ② 전원의 용량
    ㉠ 예비전원과 비상전원은 비상조명등을 20분 이상 유효하게 작동시킬 수 있는 용량으로 할 것. 다만, 다음 각 목의 특정소방대상물의 경우에는 그 부분에서 피난층에 이르는 부분의 비상조명등을 60분 이상 유효하게 작동시킬 수 있는 용량으로 하여야 한다.
      ⓐ 지하층을 제외한 층수가 11층 이상의 층
      ⓑ 지하층 또는 무창층으로서 용도가 도매시장·소매시장·여객자동차터미널·지하역사 또는 지하상가

③ 비상조명등 설치 면제기준

피난구유도등 또는 통로유도등을 기술기준에 적합하게 설치하는 경우에는 그 유도등의 유효범위에서 설치 면제가 된다. 유도등의 유효범위 안의 부분이란 유도등의 조도가 바닥에서 1ℓx 이상이 되는 부분을 말한다.

④ 비상조명등 설치제외
    ㉠ 거실의 각 부분으로부터 하나의 출입구에 이르는 보행거리가 15m 이내인 부분
    ㉡ 의원·경기장·공동주택·의료시설·학교의 거실

(4) 휴대용비상조명등

① 설치장소
    ㉠ 숙박시설 또는 다중이용업소에는 객실 또는 영업장안의 구획된 실마다 잘 보이는 곳(외부에 설치시 출입문 손잡이로부터 1m 이내 부분)에 1개 이상 설치
    ㉡ 대규모점포(지하상가 및 지하역사는 제외)와 영화상영관에는 보행거리 50m 이내마다 3개 이상 설치
    ㉢ 지하상가 및 지하역사에는 보행거리 25m 이내마다 3개 이상 설치

② 설치기준
    ㉠ 설치높이는 바닥으로부터 0.8m 이상 1.5m 이하의 높이에 설치할 것
    ㉡ 어둠속에서 위치를 확인할 수 있도록 할 것
    ㉢ 사용 시 자동으로 점등되는 구조일 것
    ㉣ 외함은 난연성능이 있을 것
    ㉤ 건전지를 사용하는 경우에는 방전방지조치를 하여야 하고, 충전식 밧데리의 경우에는 상시 충전되도록 할 것
    ㉥ 건전지 및 충전식 밧데리의 용량은 20분 이상 유효하게 사용할 수 있는 것으로 할 것

③ 휴대용비상조명등 제외
    ㉠ 지상 1층 또는 피난층으로서 복도·통로 또는 창문 등의 개구부를 통하여 피난이 용이한 경우
    ㉡ 숙박시설로서 복도에 비상조명등을 설치한 경우

CHAPTER 02 비상조명등

01 비상조명등의 화재안전기술기준(NFTC 304)에 따른 휴대용비상조명등의 설치기준이다. 다음 ( )에 들어갈 내용으로 옳은 것은?

> 지하상가 및 지하역사에는 보행거리 (ⓐ)m 이내 마다 (ⓑ)개 이상 설치할 것

① ⓐ 25, ⓑ 1
② ⓐ 25, ⓑ 3
③ ⓐ 50, ⓑ 1
④ ⓐ 50, ⓑ 3

정답 ②
해설 ● 휴대용비상조명등 설치장소
① 숙박시설 또는 다중이용업소에는 객실 또는 영업장안의 구획된 실마다 잘 보이는 곳(외부에 설치 시 출입문 손잡이로부터 1m 이내 부분)에 1개 이상 설치
② 대규모점포(지하상가 및 지하역사는 제외)와 영화상영관에는 보행거리 50m 이내마다 3개 이상 설치
③ 지하상가 및 지하역사에는 보행거리 25m 이내마다 3개 이상 설치

02 비상조명등의 화재안전기술기준(NFTC 304)에 따라 조도는 비상조명등이 설치된 장소의 각 부분의 바닥에서 몇 lx 이상이 되도록 하여야 하는가?

① 1
② 3
③ 5
④ 10

정답 ①
해설 ● 비상조명등 설치기준
① 특정소방대상물의 각 거실과 그로부터 지상에 이르는 복도·계단 및 그 밖의 통로에 설치할 것
② 조도는 비상조명등이 설치된 장소의 각 부분의 바닥에서 1lx 이상이 되도록 할 것
③ 예비전원을 내장하는 비상조명등에는 평상시 점등여부를 확인할 수 있는 점검스위치를 설치하고 해당 조명등을 유효하게 작동시킬 수 있는 용량의 축전지와 예비전원 충전장치를 내장할 것
④ 예비전원을 내장하지 않은 비상조명등의 비상전원은 자가발전설비, 축전지설비 또는 전기저장장치(외부 전기에너지를 저장해 두었다가 필요한 때 전기를 공급하는 장치)를 다음의 기준에 따라 설치해야 한다.

03 비상조명등의 설치 제외 기준 중 다음 ( ) 안에 알맞은 것은?

> 거실의 각 부분으로부터 하나의 출입구에 이르는 보행거리가 ( )m 이내인 부분

① 2   ② 5
③ 15   ④ 25

정답 ③
해설 • 비상조명등 설치제외
① 거실의 각 부분으로부터 하나의 출입구에 이르는 보행거리가 15m 이내인 부분
② 의원·경기장·공동주택·의료시설·학교의 거실

04 비상조명등의 화재안전기술기준(NFTC 304)에 따라 비상조명등의 비상전원을 설치하는데 있어서 어떤 특정소방대상물의 경우에는 그 부분에서 피난층에 이르는 부분의 비상조명등을 60분 이상 유효하게 작동시킬 수 있는 용량으로 하여야 한다. 이 특정소방물에 해당하지 <u>않는</u> 것은?

① 무창층인 지하역사
② 무창층인 소매시장
③ 지하층인 관람시설
④ 지하층을 제외한 층수가 11층 이상의 층

정답 ③
해설 • 비상조명등 비상전원 용량
비상조명등을 20분 이상 유효하게 작동시킬 수 있는 용량으로 할 것. 다만, 다음 각 목의 특정소방대상물의 경우에는 그 부분에서 피난층에 이르는 부분의 비상조명등을 60분 이상 유효하게 작동시킬 수 있는 용량으로 하여야 한다.
① 지하층을 제외한 층수가 11층 이상의 층
② 지하층 또는 무창층으로서 용도가 도매시장·소매시장·여객자동차터미널·지하역사 또는 지하상가

05 휴대용비상조명등의 설치기준 중 <u>틀린</u> 것은?

① 대규모점포(지하상가 및 지하역사는 제외)와 영화상영관에는 보행거리 50m 이내마다 3개 이상 설치할 것
② 사용 시 수동으로 점등되는 구조일 것
③ 건전지 및 충전식 밧데리의 용량은 20분 이상 유효하게 사용할 수 있는 것으로 할 것
④ 지하상가 및 지하역사에서는 보행거리 25m 이내마다 3개 이상 설치할 것

정답 ②

해설 • 휴대용비상조명등 설치장소 및 설치기준
  • 설치장소
    ① 숙박시설 또는 다중이용업소에는 객실 또는 영업장안의 구획된 실마다 잘 보이는 곳(외부에 설치시 출입문 손잡이로부터 1m 이내 부분)에 1개 이상 설치
    ② 대규모점포(지하상가 및 지하역사는 제외)와 영화상영관에는 보행거리 50m 이내마다 3개 이상 설치
    ③ 지하상가 및 지하역사에는 보행거리 25m 이내마다 3개 이상 설치
  • 설치기준
    ① 설치높이는 바닥으로부터 0.8m 이상 1.5m 이하의 높이에 설치할 것
    ② 어둠속에서 위치를 확인할 수 있도록 할 것
    ③ 사용 시 자동으로 점등되는 구조일 것
    ④ 외함은 난연성능이 있을 것
    ⑤ 건전지를 사용하는 경우에는 방전방지조치를 하여야 하고, 충전식 밧데리의 경우에는 상시 충전되도록 할 것
    ⑥ 건전지 및 충전식 밧데리의 용량은 20분 이상 유효하게 사용할 수 있는 것으로 할 것

06 휴대용비상조명등 설치 높이는?
① 0.8m ~ 1.0m   ② 0.8m ~ 1.5m
③ 1.0m ~ 1.5m   ④ 1.0m ~ 1.8m

정답 ②

해설 • 휴대용비상조명등 설치기준
    ① 설치높이는 바닥으로부터 0.8m 이상 1.5m 이하의 높이에 설치할 것
    ② 어둠속에서 위치를 확인할 수 있도록 할 것
    ③ 사용 시 자동으로 점등되는 구조일 것
    ④ 외함은 난연성능이 있을 것
    ⑤ 건전지를 사용하는 경우에는 방전방지조치를 하여야 하고, 충전식 밧데리의 경우에는 상시 충전되도록 할 것
    ⑥ 건전지 및 충전식 밧데리의 용량은 20분 이상 유효하게 사용할 수 있는 것으로 할 것

 # 소방전기시설의 구조 및 원리
쉽고 빠르게 합격하는 소방설비(산업)기사 필기시험 대비

PART 03

소화활동설비

CHAPTER 01 비상콘센트설비
CHAPTER 02 무선통신보조설비
CHAPTER 03 소방시설용 비상전원수전설비

CHAPTER 01 비상콘센트설비
[시행 2024. 1. 1.] [2023. 12. 29. 일부개정]

01 비상콘센트설비
화재발생시 필요한 전원을 전용회선으로 공급받기 위한 설비를 말한다.

(1) 정의
① 저압 : 직류는 1.5 kV 이하, 교류는 1 kV 이하인 것
② 고압 : 직류는 1.5 kV를, 교류는 1 kV를 초과하고, 7 kV 이하인 것
③ 특고압 : 직류·교류 7kV 초과하는 것

(2) 전원
① 상용전원회로의 배선
　㉠ 저압수전인 경우 : 인입개폐기의 직후

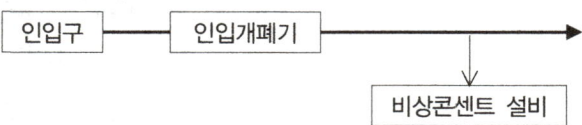

　㉡ 고압수전 또는 특고압수전인 경우 : 전력용변압기 2차측의 주차단기 1차측 또는 2차측에서 분기하여 전용배선으로 할 것

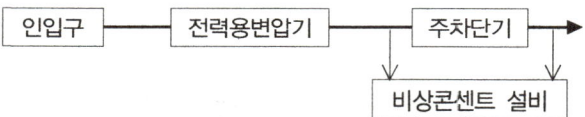

② 비상전원
　㉠ 설치대상
　　ⓐ 지하층을 제외한 층수가 7층 이상으로서 연면적이 2,000㎡ 이상
　　ⓑ 지하층의 바닥면적의 합계가 3,000㎡ 이상
　㉡ 비상전원 종류 : 자가발전설비, 비상전원수전설비, 축전지설비 또는 전기저장장치
　㉢ 비상전원 중 자가발전설비, 축전지설비 또는 전기저장장치 설치기준
　　ⓐ 점검에 편리하고 화재 및 침수 등의 재해로 인한 피해를 받을 우려가 없는 곳에 설치할 것
　　ⓑ 비상콘센트설비를 유효하게 20분 이상 작동시킬 수 있는 용량으로 할 것
　　ⓒ 상용전원으로부터 전력의 공급이 중단된 때에는 자동으로 비상전원으로부터 전력을 공급받을 수 있도록 할 것
　　ⓓ 비상전원의 설치장소는 다른 장소와 방화구획 할 것. 이 경우 그 장소에는 비상전원의 공급에 필요한 기구나 설비 외의 것(열병합발전설비에 필요한 기구나 설비는 제외한다)을 두어서는 안 된다.
　　ⓔ 비상전원을 실내에 설치하는 때에는 그 실내에 비상조명등을 설치할 것

ⓓ 비상전원 설치 제외
   ⓐ 둘 이상의 변전소에서 전력을 동시에 공급받을 수 있는 경우
   ⓑ 하나의 변전소로부터 전력의 공급이 중단되는 때에는 자동으로 다른 변전소로부터 전력을 공급받을 수 있도록 상용전원을 설치한 경우

(3) 비상콘센트설비의 전원회로(비상콘센트에 전력을 공급하는 회로)
① 비상콘센트설비의 전원회로는 단상교류 220V인 것으로서, 그 공급용량은 1.5kVA 이상인 것으로 할 것
② 전원회로는 각 층에 2 이상이 되도록 설치할 것. 다만, 설치하여야 할 층의 비상콘센트가 1개인 때에는 하나의 회로로 할 수 있다.
③ 전원회로는 주배전반에서 전용회로로 할 것. 다만, 다른 설비의 회로의 사고에 따른 영향을 받지 아니하도록 되어 있는 것은 그러하지 아니하다.
④ 전원으로부터 각 층의 비상콘센트에 분기되는 경우에는 분기배선용 차단기를 보호함안에 설치할 것
⑤ 콘센트마다 배선용 차단기(KS C 8321)를 설치해야 하며, 충전부가 노출되지 않도록 할 것
⑥ 개폐기에는 "비상콘센트"라고 표시한 표지를 할 것
⑦ 비상콘센트용의 풀박스 등은 방청도장을 한 것으로서, 두께 1.6㎜ 이상의 철판으로 할 것
⑧ 하나의 전용회로에 설치하는 비상콘센트는 10개 이하로 할 것. 이 경우 전선의 용량은 각 비상콘센트(비상콘센트가 3개 이상인 경우에는 3개)의 공급용량을 합한 용량 이상의 것으로 해야 한다.
⑨ 비상콘센트의 플러그접속기는 접지형 2극 플러그접속기를 사용하여야 한다.
⑩ 비상콘센트의 플러그접속기의 칼받이의 접지극에는 접지공사를 하여야 한다.

(4) 비상콘센트 설치기준
① 바닥으로부터 높이 0.8m 이상 1.5m 이하의 위치에 설치할 것
② 비상콘센트의 배치는 바닥면적이 1,000 ㎡ 미만인 층은 계단의 출입구(계단의 부속실을 포함하며 계단이 2 이상 있는 경우에는 그중 1개의 계단을 말한다)로부터 5 m 이내에, 바닥면적 1,000 ㎡ 이상인 층은 각 계단의 출입구 또는 계단부속실의 출입구(계단의 부속실을 포함하며 계단이 3 이상 있는 층의 경우에는 그중 2개의 계단을 말한다)로부터 5 m 이내에 설치하되, 그 비상콘센트로부터 그 층의 각 부분까지의 거리가 다음의 기준을 초과하는 경우에는 그 기준 이하가 되도록 비상콘센트를 추가하여 설치할 것
   ㉠ 지하상가 또는 지하층의 바닥면적의 합계가 3,000㎡ 이상인 것은 수평거리 25m
   ㉡ ㉠에 해당하지 아니하는 것은 수평거리 50m

(5) 비상콘센트설비의 전원부와 외함 사이의 절연저항 및 절연내력
① 절연저항 : 전원부와 외함 사이를 500V 절연저항계로 측정할 때 20㏁ 이상일 것
② 절연내력 : 전원부와 외함 사이
   ㉠ 정격전압이 150V 이하인 경우 : 1,000V의 실효전압

ⓒ 정격전압이 150V 초과인 경우 : 그 정격전압에 2를 곱하여 1,000을 더한 실효전압

ⓒ 측정값 : 실효전압을 가하는 시험에서 1분 이상 견디는 것으로 할 것

(6) 비상콘센트보호함의 설치기준

① 보호함에는 쉽게 개폐할 수 있는 문을 설치할 것

② 보호함 표면에 "비상콘센트"라고 표시한 표지를 할 것

③ 보호함 상부에 적색의 표시등을 설치할 것. 다만, 비상콘센트의 보호함을 옥내소화전함 등과 접속하여 설치하는 경우에는 옥내소화전함 등의 표시등과 겸용할 수 있다.

(7) 비상콘센트설비의 배선

① 전원회로의 배선 : 내화배선

② 그 밖의 배선 : 내화배선 또는 내열배선

CHAPTER 01 비상콘센트설비

01 비상콘센트설비의 화재안전기술기준(NFTC 504)에 따른 용어의 정의 중 옳은 것은?
① "저압"이란 직류는 1.5 kV 이하, 교류는 1 kV 이하인 것을 말한다.
② "저압"이란 직류는 700V 이하, 교류는 600V 이하인 것을 말한다.
③ "고압"이란 직류는 1.5 kV 를, 교류는 600V를 초과하는 것을 말한다.
④ "특고압"이란 8kV를 초과하는 것을 말한다.

> **정답** ①
> **해설** ● 비상콘센트 용어
> ① 저압 : 직류는 1.5 kV 이하, 교류는 1 kV 이하인 것
> ② 고압 : 직류는 1.5 kV를, 교류는 1 kV를 초과하고, 7 kV 이하인 것
> ③ 특고압 : 직류·교류 7kV 초과하는 것

02 비상콘센트설비 상용전원회로의 배선이 고압수전 또는 특고압수전인 경우의 설치기준은?
① 인입개폐기의 직전에서 분기하여 전용배선으로 할 것
② 인입개폐기의 직후에서 분기하여 전용배선으로 할 것
③ 전력용변압기 1차측의 주차단기 2차측에서 분기하여 전용배선으로 할 것
④ 전력용변압기 2차측의 주차단기 1차측 또는 2차측에서 분기하여 전용배선으로 할 것

> **정답** ④
> **해설** ● 비상콘센트설비 상용전원회로의 배선
> ① 저압수전인 경우 : 인입개폐기의 직후
> ② 고압수전 또는 특고압수전인 경우 : 전력용변압기 2차측의 주차단기 1차측 또는 2차측에서 분기하여 전용배선으로 할 것

03 자가발전설비, 비상전원수전설비 또는 전기저장장치(외부 전기에너지를 저장해 두었다가 필요한 때 전기를 공급하는 장치)를 비상콘센트설비의 비상전원으로 설치하여야하는 특정소방대상물로 옳은 것은?
① 지하층을 제외한 층수가 4층 이상으로서 연면적 600m² 이상인 특정소방대상물
② 지하층을 제외한 층수가 5층 이상으로서 연면적 1,000m² 이상인 특정소방대상물
③ 지하층을 제외한 층수가 6층 이상으로서 연면적 1,500m² 이상인 특정소방대상물
④ 지하층을 제외한 층수가 7층 이상으로서 연면적 2,000m² 이상인 특정소방대상물

정답 ④
해설 ● 비상콘센트설비 비상전원
① 설치대상
㉠ 지하층을 제외한 층수가 <u>7층 이상</u>으로서 <u>연면적이 2,000㎡ 이상</u>
㉡ 지하층의 바닥면적의 합계가 3,000㎡ 이상
② 비상전원 종류
<u>자가발전설비, 비상전원수전설비, 축전지설비 또는 전기저장장치</u>

04 비상콘센트설비의 화재안전기술기준(NFTC 504)에 따른 비상콘센트설비의 전원회로(비상콘센트에 전력을 공급하는 회로를 말한다)의 시설기준으로 옳은 것은?
① 하나의 전용회로에 설치하는 비상콘센트는 12개 이하로 할 것
② 전원회로는 단상교류 220[V]인 것으로서, 그 공급용량은 1.0[kVA] 이상인 것으로 할 것
③ 비상콘센트용의 풀박스 등은 방청도장을 한 것으로서, 두께 1.2[mm] 이상의 철판으로 할 것
④ 전원으로부터 각 층의 비상콘센트에 분기 되는 경우에는 분기배선용 차단기를 보호함 안에 설치할 것

정답 ④
해설 (보기①) 하나의 전용회로에 설치하는 비상콘센트는 12개 이하로 할 것→10개 이하로 할 것
(보기②) 전원회로는 단상교류 220V인 것으로서, 그 공급용량은 1.0kVA 이상인 것으로 할 것
→ 1.5[kVA] 이상인 것으로 할 것
(보기③) 비상콘센트용의 풀박스 등은 방청도장을 한 것으로서, 두께 1.2mm 이상의 철판으로 할 것
→ 두께 1.6[mm] 이상의 철판으로 할 것
● 비상콘센트설비의 전원회로
① 비상콘센트설비의 전원회로는 단상교류 220V인 것으로서, 그 공급용량은 <u>1.5kVA 이상인 것으로</u> 할 것
② 전원회로는 각층에 2 이상이 되도록 설치할 것. 다만, 설치하여야 할 층의 비상콘센트가 1개인 때에는 하나의 회로로 할 수 있다.
③ 전원회로는 주배전반에서 전용회로로 할 것. 다만, 다른 설비의 회로의 사고에 따른 영향을 받지 아니하도록 되어 있는 것은 그렇지 않다.
④ 전원으로부터 각 층의 비상콘센트에 분기되는 경우에는 <u>분기배선용 차단기를 보호함안에 설치</u>할 것
⑤ 콘센트마다 배선용 차단기를 설치하여야 하며, 충전부가 노출되지 아니하도록 할 것
⑥ 개폐기에는 "비상콘센트"라고 표시한 표지를 할 것
⑦ 비상콘센트용의 풀박스 등은 방청도장을 한 것으로서, <u>두께 1.6mm 이상의 철판</u>으로 할 것
⑧ 하나의 전용회로에 설치하는 <u>비상콘센트는 10개 이하</u>로 할 것. 이 경우 전선의 용량은 각 비상콘센트(비상콘센트가 3개 이상인 경우에는 3개)의 공급용량을 합한 용량 이상의 것으로해야한다.
⑨ 비상콘센트의 플러그접속기는 접지형 2극 플러그접속기를 사용해여 한다.
⑩ 비상콘센트의 플러그접속기의 칼받이의 접지극에는 접지공사를 해야 한다.

05
비상콘센트설비의 화재안전기술기준(NFTC 504)에 따라 아파트 또는 바닥면적이 1000[m²] 미만인 층은 비상콘센트를 계단의 출입구로부터 몇 [m] 이내에 설치해야 하는가? (단, 계단의 부속실을 포함하며 계단이 2 이상 있는 경우에는 그 중 1개의 계단을 말한다.)

① 10　　　　　　　　　② 8
③ 5　　　　　　　　　　④ 3

정답 ③

해설 ● 비상콘센트 설치기준

아파트 또는 바닥면적이 1,000㎡ 미만인 층	바닥면적 1,000㎡ 이상인 층(아파트를 제외한다)
계단의 출입구로부터 5m 이내	각 계단의 출입구 또는 계단부속실의 출입구로부터 5m 이내

06
비상콘센트설비의 전원부와 외함 사이의 절연내력 기준 중 다음 (　) 안에 알맞은 것은?

> 절연내력은 전원부와 외함 사이에 정격 전압이 150[V] 이하인 경우에는 (㉠)V의 실효전압을, 정격전압이 150[V] 이상인 경우에는 그 정격전압에 (㉡)를 곱하여 1000을 더한 실효전압을 가하는 시험에서 1분 이상 견디는 것으로 할 것

① ㉠ 500, ㉡ 2　　　　　　② ㉠ 500, ㉡ 3
③ ㉠ 1000, ㉡ 2　　　　　　④ ㉠ 1000, ㉡ 3

정답 ③

해설 절연내력은 전원부와 외함 사이에 정격 전압이 150V 이하인 경우에는 (㉠ 1000)V의 실효전압을, 정격전압이 150V 이상인 경우에는 그 정격전압에 (㉡ 2)를 곱하여 1000을 더한 실효전압을 가하는 시험에서 1분 이상 견디는 것으로 할 것

● 비상콘센트설비의 전원부와 외함 사이의 절연내력
① 정격전압이 150V 이하인 경우 : 1,000V의 실효전압
② 정격전압이 150V 초과인 경우 : 그 정격전압에 2를 곱하여 1,000을 더한 실효전압
③ 측정값 : 실효전압을 가하는 시험에서 1분 이상 견디는 것으로 할 것

07
비상콘센트설비의 전원부와 외함사이의 절연저항은 전원부와 외함사이를 500[V] 절연저항계로 측정할 때 몇 [MΩ] 이상이어야 하는가?

① 10　　　　　　　　　② 15
③ 20　　　　　　　　　④ 25

정답 ③

해설 ● 비상콘센트설비의 전원부와 외함 사이의 절연저항
전원부와 외함 사이를 500[V] 절연저항계로 측정할 때 20[MΩ] 이상일 것

CHAPTER 02 무선통신보조설비
[시행 2022. 12. 1.] [2022. 11. 25. 전부개정]

01 무선통신보조설비

지하 또는 지상에서 무선통신을 원활하게하여 소화활동에 도움을 주는 설비

(1) 정의

① 누설동축케이블 : 동축케이블의 외부도체에 가느다란 홈을 만들어서 전파가 외부로 새어나갈 수 있도록 한 케이블

② 분배기 : 신호의 전송로가 분기되는 장소에 설치하는 것으로 임피던스 매칭과 신호 균등분배를 위해 사용하는 장치

③ 분파기 : 서로 다른 주파수의 합성된 신호를 분리하기 위해서 사용하는 장치

④ 혼합기 : 둘 이상의 입력신호를 원하는 비율로 조합한 출력이 발생하도록 하는 장치

⑤ 증폭기 : 전압·전류의 진폭을 늘려 감도 등을 개선하는 장치

⑥ 무선중계기 : 안테나를 통하여 수신된 무전기 신호를 증폭한 후 음영지역에 재방사하여 무전기 상호 간 송수신이 가능하도록 하는 장치

⑦ 옥외안테나 : 감시제어반 등에 설치된 무선중계기의 입력과 출력포트에 연결되어 송수신 신호를 원활하게 방사·수신하기 위해 옥외에 설치하는 장치

⑧ 임피던스 : 교류 회로에 전압이 가해졌을 때 전류의 흐름을 방해하는 값으로서 교류 회로에서의 전류에 대한 전압의 비

(2) 무선통신보조설비 설치제외

지하층으로서 특정소방대상물의 바닥부분 2면 이상이 지표면과 동일하거나 지표면으로부터의 깊이가 1미터 이하인 경우에는 해당 층에 한해 무선통신보조설비를 설치하지 아니할 수 있다.

(3) 무선통신보조설비 설치기준

① 누설동축케이블 또는 동축케이블과 이에 접속하는 안테나가 설치된 층은 모든 부분(계단실, 승강기, 별도 구획된 실 포함)에서 유효하게 통신이 가능할 것

② 옥외안테나와 연결된 무전기와 건축물 내부에 존재하는 무전기 간의 상호통신, 건축물 내부에 존재하는 무전기 간의 상호통신, 옥외안테나와 연결된 무전기와 방재실 또는 건축물 내부에 존재하는 무전기와 방재실 간의 상호통신이 가능할 것

(4) 누설동축케이블 설치기준

① 소방전용주파수대에서 전파의 전송 또는 복사에 적합한 것으로서 소방전용의 것으로 할 것. 다만, 소방대 상호간의 무선 연락에 지장이 없는 경우에는 다른 용도와 겸용할 수 있다.

② 누설동축케이블과 이에 접속하는 안테나 또는 동축케이블과 이에 접속하는 안테나로 구성할 것

③ 누설동축케이블 및 동축케이블은 불연 또는 난연성의 것으로서 습기 등의 환경조건에 따라 전기의 특성이 변질되지 않는 것으로 하고, 노출하여 설치한 경우에는 피난 및 통행에 장애가 없도록 할 것

④ 누설동축케이블 및 동축케이블은 화재에 따라 해당 케이블의 피복이 소실된 경우에 케이블 본체가 떨어지지 않도록 4 m 이내마다 금속제 또는 자기제 등의 지지금구로 벽·천장·기둥 등에 견고하게 고정할 것. 다만, 불연재료로 구획된 반자 안에 설치하는 경우에는 그렇지 않다.

⑤ 누설동축케이블 및 안테나는 금속판 등에 따라 전파의 복사 또는 특성이 현저하게 저하되지 아니하는 위치에 설치할 것

⑥ 누설동축케이블 및 안테나는 고압의 전로로부터 1.5 m 이상 떨어진 위치에 설치할 것. 다만, 해당 전로에 정전기 차폐장치를 유효하게 설치한 경우에는 그렇지 않다.

⑦ 누설동축케이블의 끝부분에는 무반사 종단저항을 견고하게 설치할 것

⑧ 누설동축케이블 또는 동축케이블의 임피던스는 50 Ω으로 하고, 이에 접속하는 안테나·분배기 기타의 장치는 해당 임피던스에 적합한 것으로 해야 한다.

(5) 옥외안테나 설치기준

① 건축물, 지하가, 터널 또는 공동구의 출입구(「건축법 시행령」 제39조에 따른 출구 또는 이와 유사한 출입구를 말한다) 및 출입구 인근에서 통신이 가능한 장소에 설치할 것

② 다른 용도로 사용되는 안테나로 인한 통신장애가 발생하지 않도록 설치할 것

③ 옥외안테나는 견고하게 파손의 우려가 없는 곳에 설치하고 그 가까운 곳의 보기 쉬운 곳에 "무선통신보조설비 안테나"라는 표시와 함께 통신 가능거리를 표시한 표지를 설치할 것

④ 수신기가 설치된 장소 등 사람이 상시 근무하는 장소에는 옥외안테나의 위치가 모두 표시된 옥외안테나 위치표시도를 비치할 것

(6) 분배기·분파기 및 혼합기 설치기준

① 먼지·습기 및 부식 등에 따라 기능에 이상을 가져오지 않도록 할 것

② 임피던스는 50 Ω의 것으로 할 것

③ 점검에 편리하고 화재 등의 재해로 인한 피해의 우려가 없는 장소에 설치할 것

(7) 증폭기 및 무선중계기 설치기준

① 상용전원은 전기가 정상적으로 공급되는 축전지설비, 전기저장장치(외부 전기에너지를 저장해 두었다가 필요한 때 전기를 공급하는 장치) 또는 교류전압의 옥내 간선으로 하고, 전원까지의 배선은 전용으로 할 것

② 증폭기의 전면에는 주 회로의 전원이 정상인지의 여부를 표시할 수 있는 표시등 및 전압계를 설치할 것

③ 증폭기에는 비상전원이 부착된 것으로 하고 해당 비상전원 용량은 무선통신보조설비를 유효하게 30분 이상 작동시킬 수 있는 것으로 할 것

④ 증폭기 및 무선중계기를 설치하는 경우에는 「전파법」에 따른 적합성평가를 받은 제품으로 설치하고 임의로 변경하지 않도록 할 것

⑤ 디지털 방식의 무전기를 사용하는데 지장이 없도록 설치할 것

CHAPTER 02 무선통신보조설비

01 무선통신보조설비의 화재안전기술기준(NFTC 505)에 따라 금속제 지지금구를 사용하여 무선통신 보조설비의 누설동축케이블을 벽에 고정시키고자 하는 경우 몇 m 이내마다 고정시켜야 하는가? (단, 불연재료로 구획된 반자 안에 설치하는 경우는 제외한다.)

① 2　　　　② 3
③ 4　　　　④ 5

정답 ③

해설 ● 누설동축케이블 설치기준
누설동축케이블 및 동축케이블은 화재에 따라 해당 케이블의 피복이 소실된 경우에 케이블 본체가 떨어지지 아니하도록 <u>4m 이내마다 금속제 또는 자기제등의 지지금구로 벽·천장·기둥 등어 견고하게 고정시킬 것</u>. 다만, 불연재료로 구획된 반자 안에 설치하는 경우에는 그렇지 않다.

02 무선통신보조설비의 화재안전기술기준(NFTC 505)에 따라 무선통신보조설비의 주회로 전원이 정상인지 여부를 확인하기 위해 증폭기의 전면에 설치하는 것은?

① 상순계　　　　② 전류계
③ 전압계 및 전류계　　　　④ 표시등 및 전압계

정답 ④

해설 ● 증폭기 및 무선중계기 설치기준
증폭기의 전면에는 주 회로의 전원이 정상인지의 여부를 표시할 수 있는 <u>표시등 및 전압계를 설치할 것</u>

03 무선통신보조설비의 화재안전기술기준(NFTC 505)에 따라 누설동축케이블 또는 동축케이블의 임피던스는 몇 Ω 인가?

① 5　　　　② 10
③ 30　　　　④ 50

정답 ④

해설 ● 누설동축케이블 설치기준
누설동축케이블 또는 동축케이블의 <u>임피던스는 50Ω으로 하고</u>, 이에 접속하는 안테나·분배기 기타의 장치는 해당 임피던스에 적합한 것으로 하여야 한다.

04 무선통신보조설비의 화재안전기술기준(NFTC 505)에 따라 무선통신보조설비의 누설동축케이블의 설치기준으로 **틀린** 것은?

① 누설동축케이블은 불연 또는 난연성으로 할 것
② 누설동축케이블의 중간 부분에는 무반사 종단저항을 견고하게 설치할 것
③ 누설동축케이블 및 안테나는 고압의 전로로부터 1.5m 이상 떨어진 위치에 설치할 것
④ 누설동축케이블과 이에 접속하는 안테나 또는 동축케이블과 이에 접속하는 안테나로 구성할 것

정답 ②

해설 (보기②) 누설동축케이블의 중간 부분에는 무반사 종단저항을 견고하게 설치할 것
→ 끝부분에 설치한다.

- **누설동축케이블 설치기준**
  ① 소방전용주파수대에서 전파의 전송 또는 복사에 적합한 것으로서 소방전용의 것으로 할 것
  ② 누설동축케이블과 이에 접속하는 안테나 또는 동축케이블과 이에 접속하는 안테나로 구성할 것
  ③ 누설동축케이블 및 동축케이블은 불연 또는 난연성의 것으로서 습기에 따라 전기의 특성이 변질되지 아니하는 것으로 하고, 노출하여 설치한 경우에는 피난 및 통행에 장애가 없도록 할 것
  ④ 누설동축케이블 및 동축케이블은 화재에 따라 해당 케이블의 피복이 소실된 경우에 케이블 본체가 떨어지지 아니하도록 4m 이내마다 금속제 또는 자기제등의 지지금구로 벽·천장·기둥 등에 견고하게 고정시킬 것. 다만, 불연재료로 구획된 반자 안에 설치하는 경우에는 그러하지 아니하다.
  ⑤ 누설동축케이블 및 안테나는 금속판 등에 따라 전파의 복사 또는 특성이 현저하게 저하되지 아니하는 위치에 설치할 것
  ⑥ 누설동축케이블 및 안테나는 고압의 전로로부터 1.5m 이상 떨어진 위치에 설치할 것. 다만, 해당 전로에 정전기 차폐장치를 유효하게 설치한 경우에는 그러하지 아니하다.
  ⑦ 누설동축케이블의 끝부분에는 무반사 종단저항을 견고하게 설치할 것
  ⑧ 누설동축케이블 또는 동축케이블의 임피던스는 50Ω으로 하고, 이에 접속하는 안테나·분배기 기타의 장치는 해당 임피던스에 적합한 것으로 하여야 한다.

05 무선통신보조설비의 화재안전기술기준(NFTC 505)에 따른 설치제외에 대한 내용이다. 다음 ( )에 들어갈 내용으로 옳은 것은?

(ⓐ)으로서 특정소방대상물의 바닥 부분 2면 이상이 지표면과 동일하거나 지표면으로부터의 깊이가 (ⓑ)m 이하인 경우에는 해당 층에 한하여 무선통신보조설비를 설치하지 아니할 수 있다.

① ⓐ 지하층, ⓑ 1
② ⓐ 지하층, ⓑ 2
③ ⓐ 무창층, ⓑ 1
④ ⓐ 무창층, ⓑ 2

정답 ①

해설 - **무선통신보조설비 설치제외**
(ⓐ : 지하층)으로서 특정소방대상물의 바닥 부분 2면 이상이 지표면과 동일하거나 지표면으로부터의 깊이가 (ⓑ : 1)m 이하인 경우에는 해당 층에 한하여 무선통신보조설비를 설치하지 아니할 수 있다.

06 무선통신보조설비의 증폭기에는 비상전원이 부착된 것으로 하고 비상전원의 용량은 무선통신보조설비를 유효하게 몇 분 이상 작동시킬 수 있는 것이어야 하는가?

① 10분
② 20분
③ 30분
④ 40분

> **정답** ③
> **해설** ● 증폭기 및 무선중계기 설치기준
> 　증폭기에는 비상전원이 부착된 것으로 하고 해당 비상전원 용량은 무선통신보조설비를 유효하게 30분 이상 작동시킬 수 있는 것으로 할 것

07 무선통신보조설비의 분배기·분파기 및 혼합기의 설치기준 중 틀린 것은?

① 먼지·습기 및 부식 등에 따라 기능에 이상을 가져오지 아니하도록 할 것
② 임피던스는 50Ω의 것으로 할 것
③ 전원은 전기가 정상적으로 공급되는 축전지, 전기저장장치 또는 교류전압 옥내간선으로 하고, 전원까지의 배선은 전용으로 할 것
④ 점검에 편리하고 화재 등의 재해로 인한 피해의 우려가 없는 장소에 설치할 것

> **정답** ③
> **해설** ● 분배기·분파기 및 혼합기 설치기준
> ① 먼지·습기 및 부식 등에 따라 기능에 이상을 가져오지 아니하도록 할 것
> ② 임피던스는 50Ω의 것으로 할 것
> ③ 점검에 편리하고 화재 등의 재해로 인한 피해의 우려가 없는 장소에 설치할 것

CHAPTER 03 소방시설용 비상전원수전설비
[시행 2022. 12. 1.] [2022. 12. 1. 제정]

01 소방시설용 비상전원수전설비

(1) 정의

① 방화구획형 : 수전설비를 다른 부분과 건축법상 방화구획을 하여 화재 시 이를 보호하도록 조치하는 방식

② 변전설비 : 전력용변압기 및 그 부속장치

③ 배전반 : 전력생산시설 등으로부터 직접 전력을 공급받아 분전반에 전력을 공급해주는 것으로서 다음의 배전반

　㉠ 공용배전반 : 소방회로 및 일반회로 겸용의 것으로서 개폐기, 과전류차단기, 계기와 그 밖의 배선용기기 및 배선을 금속제 외함에 수납한 것

　㉡ 전용배전반 : 소방회로 전용의 것으로서 개폐기, 과전류차단기, 계기와 그 밖의 배선용기기 및 배선을 금속제 외함에 수납한 것

④ 분전반 : 배전반으로부터 전력을 공급받아 부하에 전력을 공급해주는 것으로서 다음의 배전반

　㉠ 공용분전반 : 소방회로 및 일반회로 겸용의 것으로서 분기개폐기, 분기과전류차단기와 그 밖의 배선용기기 및 배선을 금속제 외함에 수납한 것

　㉡ 전용분전반 : 소방회로 전용의 것으로서 분기 개폐기, 분기과전류차단기와 그 밖의 배선용기기 및 배선을 금속제 외함에 수납한 것

⑤ 비상전원수전설비 : 화재 시 상용전원이 공급되는 시점까지만 비상전원으로 적용이 가능한 설비로서 상용전원의 안전성과 내화성능을 향상시킨 설비

⑥ 소방회로 : 소방부하에 전원을 공급하는 전기회로

⑦ 수전설비 : 전력수급용 계기용변성기·주차단장치 및 그 부속기기

⑧ 옥외개방형 : 건물의 옥외 또는 건물의 옥상에 울타리를 설치하고 그 내부에 수전설비를 설치하는 방식

⑨ 일반회로 : 소방회로 이외의 전기회로를 말한다.

⑩ 큐비클형 : 수전설비를 큐비클 내에 수납하여 설치하는 방식으로서 다음의 형식

　㉠ 공용큐비클식 : 소방회로 및 일반회로 겸용의 것으로서 수전설비, 변전설비와 그 밖의 기기 및 배선을 금속제 외함에 수납한 것

　㉡ 전용큐비클식 : 소방회로용의 것으로 수전설비, 변전설비와 그 밖의 기기 및 배선을 금속제 외함에 수납한 것

(2) 특별고압 또는 고압으로 수전하는 경우

① 일반전기사업자로부터 특별고압 또는 고압으로 수전하는 비상전원 수전설비는 방화구획형, 옥외개방형 또는 큐비클(Cubicle)형으로서 다음 각 호에 적합하게 설치해야 한다.

　㉠ 전용의 방화구획 내에 설치할 것

　㉡ 소방회로배선은 일반회로배선과 불연성 격벽으로 구획할 것

ⓒ 일반회로에서 과부하, 지락사고 또는 단락사고가 발생한 경우에도 이에 영향을 받지 아니하고 계속하여 소방회로에 전원을 공급시켜 줄 수 있어야 할 것
ⓓ 소방회로용 개폐기 및 과전류차단기에는 "소방시설용"이라 표시할 것
ⓔ 전기회로는 아래 별표와 같이 결선할 것

[별표내용]

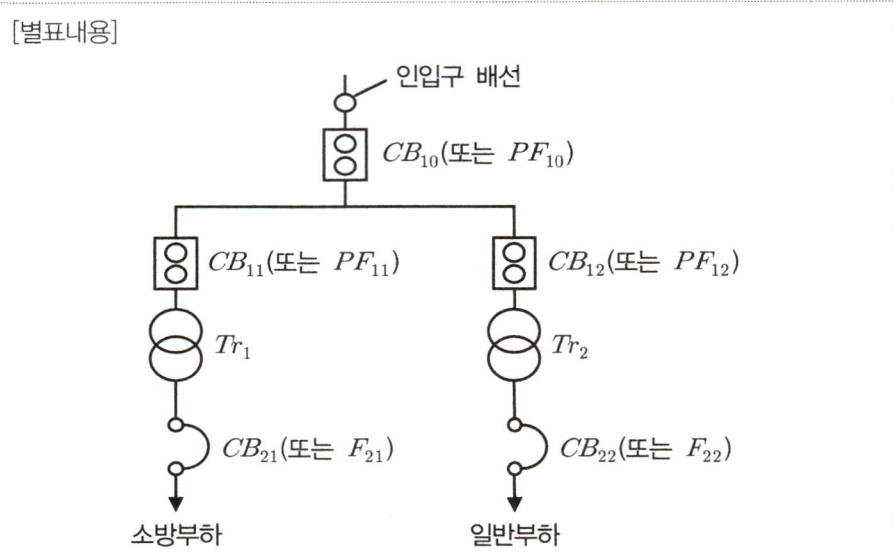

㉠ 전용의 전력용변압기에서 소방부하에 전원을 공급하는 경우
  ⓐ 일반회로의 과부하 또는 단락사고시에 CB_{10}(또는 PF_{10})이 CB_{12}(또는 PF_{12}) 및 CB_{22}(또는 F_{22})보다 먼저 차단되어서는 아니된다.
  ⓑ CB_{11}(또는 PF_{11})은 CB_{12}(또는 PF_{12})와 동등이상의 차단용량일 것

약호	명칭
CB	전력차단기
PF	전력퓨즈(고압 또는 특별고압용)
F	퓨즈(저압용)
Tr	전력용변압기

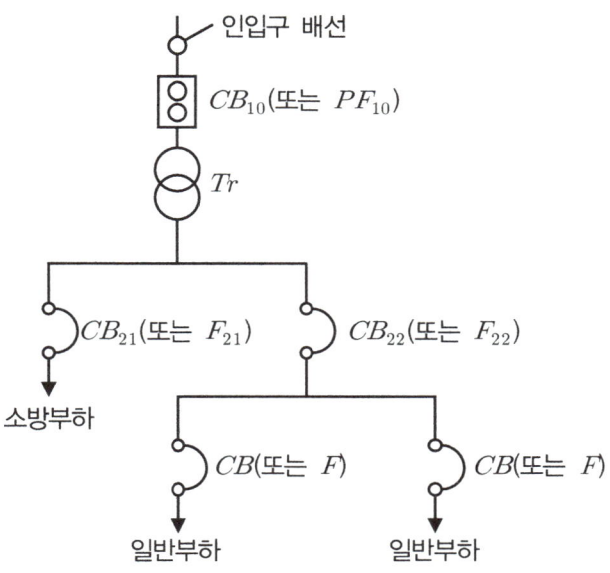

ⓛ 공용의 전력용변압기에서 소방부하에 전원을 공급하는 경우
  ⓐ 일반회로의 과부하 또는 단락사고시에 CB_{10}(또는 PF_{10})이 CB_{22}(또는 F_{22}) 및 CB(또는 F)보다 먼저 차단되어서는 아니된다.
  ⓑ CB_{21}(또는 F_{21})은 CB_{22}(또는 F_{22})와 동등이상의 차단용량일 것

약호	명칭
CB	전력차단기
PF	전력퓨즈(고압 또는 특별고압용)
F	퓨즈(저압용)
Tr	전력용변압기

② 옥외개방형은 옥외개방형이 설치된 건축물 또는 인접 건축물에 화재가 발생한 경우에도 화재로 인한 손상을 받지 않도록 설치해야 한다.

③ 큐비클형은 다음 각 호에 적합하게 설치해야 한다.
  ㉠ 전용큐비클 또는 공용큐비클식으로 설치할 것
  ㉡ 외함은 두께 2.3mm 이상의 강판과 이와 동등 이상의 강도와 내화성능이 있는 것으로 제작하여야 하며, 개구부에는 60분+ 방화문, 60분 방화문 또는 30분 방화문으로 설치할 것
  ㉢ 외함은 건축물의 바닥 등에 견고하게 고정할 것
  ㉣ 전선 인입구 및 인출구에는 금속관 또는 금속제 가요전선관을 쉽게 접속할 수 있도록 할 것
  ㉤ 공용큐비클식의 소방회로와 일반회로에 사용되는 배선 및 배선용기기는 불연재료로 구획할 것

(3) 저압으로 수전하는 경우 : 전기사업자로부터 저압으로 수전하는 비상전원수전설비는 전용배전반(1·2종)·전용분전반(1·2종) 또는 공용분전반(1·2종)으로 해야 한다.

① 설치기준
  ㉠ 제1종 배전반 및 제1종 분전반
    ⓐ 외함은 두께 1.6mm(전면판 및 문은 2.3mm) 이상의 강판과 이와 동등 이상의 강도와 내화성능이 있는 것으로 제작할 것
    ⓑ 외함의 내부는 외부의 열에 의해 영향을 받지 않도록 내열성 및 단열성이 있는 재료를 사용하여 단열할 것. 이 경우 단열부분은 열 또는 진동에 따라 쉽게 변형되지 않아야 한다.
    ⓒ 다음 각 목에 해당하는 것은 외함에 노출하여 설치할 수 있다.
      ㉮ 표시등(불연성 또는 난연성재료로 덮개를 설치한 것에 한한다)
      ㉯ 전선의 인입구 및 입출구
    ⓓ 외함은 금속관 또는 금속제 가요전선관을 쉽게 접속할 수 있도록 하고, 당해 접속부분에는 단열조치를 할 것
    ⓔ 공용배전판 및 공용분전판의 경우 소방회로와 일반회로에 사용하는 배선 및 배선용 기기는 불연재료로 구획되어야 할 것
  ㉡ 제2종 배전반 및 제2종 분전반
    ⓐ 외함은 두께 1mm(함 전면의 면적이 1,000cm²를 초과하고 2,000cm² 이하인 경우에는 1.2mm, 2,000cm²를 초과하는 경우에는 1.6mm) 이상의 강판과 이와 동등 이상의 강도와 내화성능이 있는 것으로 제작할 것
    ⓑ 제㉠항 ⓒ 각 목에 정한 것과 120℃의 온도를 가했을 때 이상이 없는 전압계 및 전류계는 외함에 노출하여 설치할 것
    ⓒ 단열을 위해 배선용 불연전용실 내에 설치할 것
  ㉢ 기타 배전반 및 분전반
    ⓐ 일반회로에서 과부하·지락사고 또는 단락사고가 발생한 경우에도 이에 영향을 받지 아니하고 계속하여 소방회로에 전원을 공급시켜 줄 수 있어야 할 것
    ⓑ 소방회로용 개폐기 및 과전류차단기에는 "소방시설용"이라는 표시를 할 것
    ⓒ 전기회로는 아래 별표와 같이 결선할 것

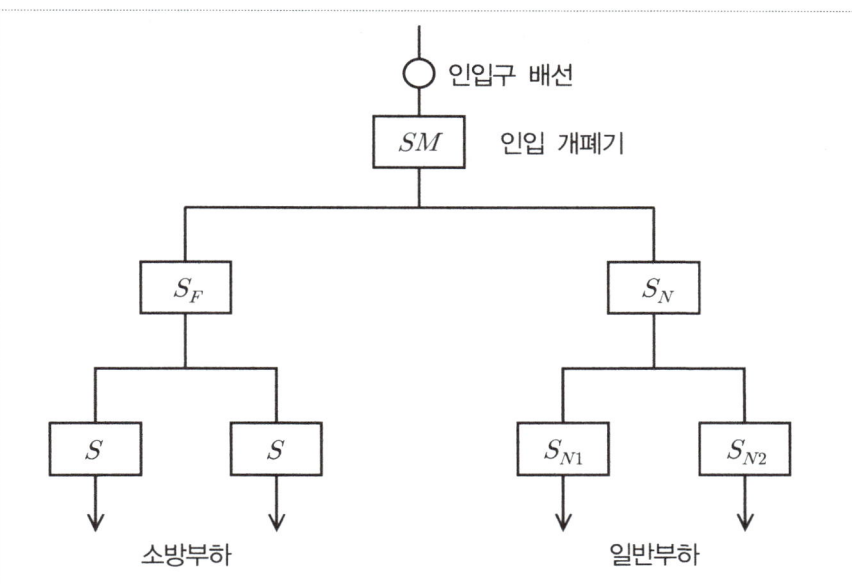

㉠ 일반회로의 과부하 또는 단락사고시 SM이 SN, SN₁ 및 SN₂보다 먼저차단 되어서는 아니된다.
㉡ SF는 SN과 동등 이상의 차단용량일 것.

약호	명칭
S	저압용개폐기 및 과전류차단기

CHAPTER 03 소방시설용 비상전원수전설비

01 소방시설용 비상전원수전설비의 화재안전기술기준(NFTC 602)에서 전력수급용 계기용변성기·주차단장치 및 그 부속기기로 정의되는 것은?
① 큐비클설비 ② 배전반설비
③ 수전설비 ④ 변전설비

정답 ③
해설 • 비상전원수전설비 용어 정의
① 수전설비 : 전력수급용 계기용변성기·주차단장치 및 그 부속기기

02 소방시설용 비상전원수전설비의 화재안전기술기준(NFTC 602)에 따라 소방시설용 비상전원 수전설비에서 소방회로 및 일반회로 겸용의 것으로서 수전설비, 변전설비와 그 밖의 기기 및 배선을 금속제 외함에 수납한 것은?
① 공용분전반 ② 전용배전반
③ 공용큐비클식 ④ 전용큐비클식

정답 ③
해설 • 비상전원수전설비 용어 정의
• 공용큐비클식 : 소방회로 및 일반회로 겸용의 것으로서 수전설비, 변전설비 그 밖의 기기 및 배선을 금속제 외함에 수납한 것

03 전기사업자로부터 저압으로 수전하는 경우 비상전원설비로 옳은 것은?
① 방화구획형 ② 전용배전반(1·2종)
③ 큐비클형 ④ 옥외개방형

정답 ②
해설 • 비상전원수전설비

특별고압 또는 고압으로 수전하는 경우	저압으로 수전하는 경우
① 방화구획형	① 전용배전반 (1·2종)
② 옥외개방형	② 전용분전반(1·2종)
③ 큐비클형	③ 공용분전반(1·2종)

04 소방시설용 비상전원수전설비의 화재안전기술기준(NFTC 602)에 따라 큐비클형의 시설기준으로 틀린 것은?

① 전용큐비클 또는 공용큐비클식으로 설치할 것
② 외함은 건축물의 바닥 등에 견고하게 고정할 것
③ 자연환기구에 따라 충분히 환기할 수 없는 경우에는 환기설비를 설치할 것
④ 공용큐비클식의 소방회로와 일반회로에 사용되는 배선 및 배선용기기는 난연재료로 구획할 것

정답 ④

해설 (보기④) 공용큐비클식의 소방회로와 일반회로에 사용되는 배선 및 배선용기기는 난연재료로 구획할 것
→ 불연재료로 구획한다.

- **큐비클형 설치기준**
  ① 전용큐비클 또는 공용큐비클식으로 설치할 것
  ② 외함은 두께 2.3mm 이상의 강판과 이와 동등 이상의 강도와 내화성능이 있는 것으로 제작하여야 하며, 개구부에는 60분+ 방화문, 60분 방화문 또는 30분 방화문으로 설치할 것
  ③ 외함은 건축물의 바닥 등에 견고하게 고정할 것
  ④ 전선 인입구 및 인출구에는 금속관 또는 금속제 가요전선관을 쉽게 접속할 수 있도록 할 것
  ⑤ 공용큐비클식의 소방회로와 일반회로에 사용되는 배선 및 배선용기기는 불연재료로 구획할 것

에듀콕스(educox)는 책에 관한 소재와 원고를 설레는 마음으로 기다리고 있습니다.
책으로 만들고 싶은 좋은 소재와 기획이 있으신 분은 이메일(educox@hanmail.net)로 간단한
개요와 취지, 연락처 등을 보내주시면 됩니다.

초판발행 2024년 10월 31일
편 저 이종오
발 행 인 이상옥
발 행 처 에듀콕스(educox)
출판등록번호 제25100-2018-000073호
주 소 서울시 관악구 신림로23길 16 일성트루엘 907호
팩 스 02)6499-2839
이 메 일 educox@hanmail.net

저자와의
협의하에
인지생략

이 책에 실린 내용에 대한 저작권은 에듀콕스(educox)에 있으므로 함부로 복사
· 복제할 수 없습니다.

정가 20,000원

ISBN 979-11-93666-19-7